一則自然史

DINOSAURS A Natural History

Tim Haines ◎ 著

許瓊瑩 ◎ 譯

BBC　時報出版

知識叢書 1001

與恐龍共舞：一則自然史
WALKING WITH DINOSAURS：A Natural History

原　　著　Tim Haines
譯　　者　許瓊瑩
董 事 長　孫思照
發 行 人　
總 經 理　莫昭平
總 編 輯　林馨琴
出 版 者　時報文化出版企業股份有限公司
　　　　　108台北市和平西路三段240號3樓
　　　　　發行專線(02)2306-6842
　　　　　讀者服務專線0800-231-705, (02)2304-7103
　　　　　讀者服務傳真(02)2304-6858
　　　　　郵政劃撥0103854-0時報出版公司
　　　　　時報悅讀網 http://www.readingtimes.com.tw
　　　　　電子郵件信箱 ctpc@readingtimes.com.tw
主　　編　尤傳莉
校　　對　郭乃嘉、尤傳莉
美術編輯　高鶴倫
印　　刷　詠豐彩色印刷有限公司
初版一刷　二〇〇二年一月十五日
初版三刷　二〇〇四年二月五日
定　　價　新台幣一五〇〇元

BBC BBC 1996
Walking with Dinosaurs © 1998
This translation of Walking with Dinosaurs first published in 1998 by
BBC Worldwide Limited under Walking with Dinosaurs is published under license from BBC
Worldwide Limited.
Chinese (Complex Characters) copyright © 2002 by
China Times Publishing Company
Chinese language publishing rights arranged with BBC Worldwide through
Bordon-Chinese Media Agency. ALL RIGHTS RESERVED

國家圖書館出版品預行編目資料

與恐龍共舞：一則自然史 ／ Tim Haines原著；
許瓊瑩譯. -- 初版. -- 臺北市 ： 時報文化,
2002 [民91]
　　面； 公分. --（知識叢書；1001）
譯自：Walking with dinosaurs : a natural history
　ISBN 957-13-3582-7 （精裝）

1. 恐龍

388.794　　　　　　　　　　　　90022942

前頁圖片說明：頁1，異特龍；頁2-3，暴龍

Printed in Taiwan
ISBN 957-13-3582-7

目次

新物種

三疊紀時期
二億二千萬年前

巨龍時代

侏儸紀晚期
一億五千五百萬年前

引言

地球上沒有任何時期，能比恐龍時代抓住人類更多的想像力。超過150年來，恐龍使科學家和業餘大眾都為之著迷——這可能是因為，恐龍似乎和地球上現存的一切東西截然不同，而同時，卻又如此真實得驚人。恐龍特出的體型和力量，令人們禁不住想勾畫出牠們的形貌。但是，我們要如何去想像一個如此不同的世界？

首先，想像一下如果你回到遠古，眼前的一切應該有什麼改變；去掉所有的房子和道路，還有田園和樹籬。這樣只是觸及皮毛而已。再來，用蕨類和低矮、棕櫚似的蘇鐵（cycad）取代青草和空地。把任何你看得見的樹，都轉變成針葉樹——不是熟悉的、人工栽培的松樹，而是比較老的，類似智利松（monkey puzzle）的品種——然後散置到各處。把鳥類從空中去除，更改昆蟲製造的聲音，並把氣溫升高。最後，把一群體型龐然、大吼大叫的爬蟲類擺在你眼前，看著一些速度快得驚人的掠食者向牠們潛行。本書便企圖做一個類似如此的心智練習，以變化出恐龍的世界。本作品無意成為一本百科全書，這只是一部經驗。

而困難之處是在於，我們和這些史前景觀分隔了如此遙遠的時空。數千萬、數百萬年過去了，在這段時間當中，這些雄偉的動物屍首四散，被侵蝕、掩埋。山脈隆起又消失，海洋上升又落下，有些遺骸被封在岩石裡，變成了石頭。

我們所有關於恐龍的知識，都是來自於這些倖存過千萬世代的殘餘化石證據。古生物學家的工作，就是要解釋這些證據，然而對這些科學家而言，這些研

（左頁圖）歷史的一瞥：一頭恐龍掠食者從古老的圓柱松樹叢中出現。牠是一個肉食者，基本的身體構造經百萬年而不變：其特色包括了兩隻強壯的腿、一條長尾巴、會攫物的兩臂，和尖銳的牙齒。

牠們生活的時代

地球上的生命可能開始於約莫四十五億年前,但是其中有幾乎四十億年的時間,生命的形式大多是單細胞生物,例如細菌和藻類。比較大、比較複雜的動物,是在大約五億五千萬年前的寒武紀開始演化出來。在所謂的「寒武紀大爆炸」(Cambrian explosion)中,各種新樣貌和新形式像暴風雪般蜂湧而出。許多只維續了很短一段時間,但有些卻開展出強大的動物王朝,例如到今天仍和我們共存的節肢動物和軟體動物。從人類的眼光來看,最重要的發展,是出現了具有原始背骨(亦即初形脊椎骨)的小型動物,被證明是大體型的優良基礎設計。

寒武紀以後,地球分為三個「時期」──在古老的古生代(Palaeozoic),生命由水支配;在中間的中生代,巨大的爬蟲類統治地球;然後到現代的新生代(Cenozoic),哺乳類和鳥類接管世界。古生代是以不毛的陸地和富於生命的海洋肇始。大約經過一億年的時間,第一個複雜的有機體才征服陸地。因此,當第一批植物和昆蟲掙扎著要在不友善的地面建立地位時,海裡已經有種類繁複

的生命存在,從巨大的肉食魚類,到遼闊的礁石等皆有。到古生代後期,陸地就被完全佔據了。小型植物變成樹,而後變成森林,昆蟲也變得極度旺盛。再經過數百萬年後,脊椎動物爬上了陸地,先有兩棲動物,繼而有爬蟲類,都學習著適應這個艱苦的環境。

在接近古生代尾聲時,也就是二億四千五百萬年前,爬蟲類統治了陸地,海洋則以魚類稱王。但是到了二疊紀(Permian)末期,牠們幾乎全部滅亡。這時就是中世代的開端,並從此展開了一段長時間的復甦期。不久,因為是哺乳類的祖先而被稱為似哺乳爬蟲類(mammal-like reptiles)的老古生代爬蟲類,便開始被恐龍所取代。在剩下來的中生代時期──一億七千萬年──恐龍成為陸上的霸主。在海裡,其他巨型爬蟲類佔據了所有大型掠食者的領域。哺乳類動物演化出來了,但是數量仍然有限;鳥類出現了;植物藉著演化出花朵而完全轉型──但是恐龍依舊稱霸。最後,在中世代的末期,六千五百萬年前,另一場驚人的大滅種,洗劫了鳥類之外的所有恐龍。現代的新生代,以許多較小的動物如哺乳類動物和鳥類揭開

這隻史前終極掠食者的母暴龍正在檢視自己的蛋窩。無論體型多大,恐龍總是以在地面產卵為其繁殖手段。

序幕。牠們開始多樣化,有些並回到水中,演化成鯨魚。漸漸的,我們今天所熟悉的種類豐富的哺乳類動物出現了,最後,在這個巨大的時間度量尺的最終一瞬,人類從猿演化了出來。

這個螺旋形的時間表,列示了從第一個複雜的生物出現的寒武紀,一直到今天的種種生命演化。地球生命史上最大的兩次大滅絕,標示在中世代的開端和結尾;後者結束了恐龍時代。

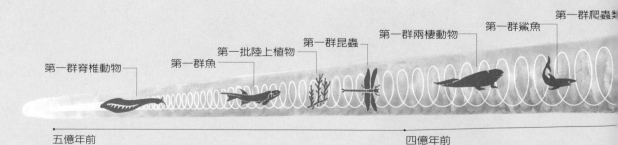

第一群脊椎動物　　第一群魚　　第一批陸上植物　　第一群昆蟲　　第一群兩棲動物　　第一群鯊魚　　第一群爬蟲類

五億年前　　　　　　　　　　　　　　四億年前

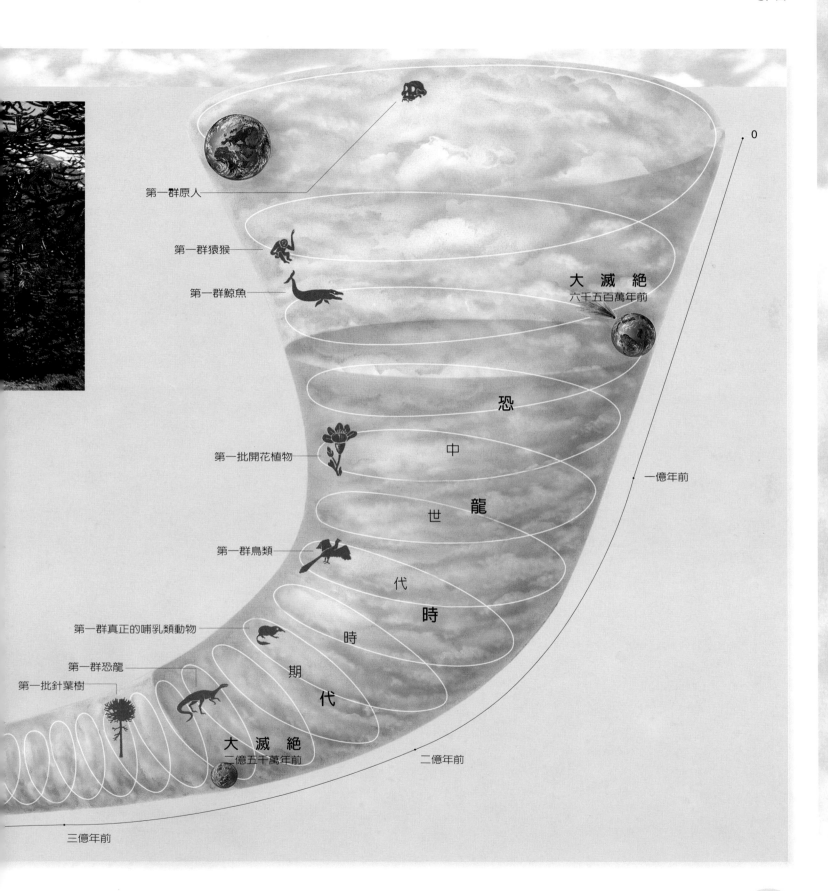

第一群原人

第一群猿猴

第一群鯨魚

大　滅　絕
六千五百萬年前

恐

中

龍

世

代

時

時

期

代

一億年前

第一批開花植物

第一群鳥類

第一群真正的哺乳類動物

第一群恐龍

第一批針葉樹

大　滅　絕
二億五千萬年前

二億年前

三億年前

究雖引人入勝，卻也充滿了挫折。在專家的眼裡，化石隱含了大量的資料。可以告訴我們其年齡、所屬的動物的形狀，還有和其他什麼動物有關係。但是，如果想進一步探索這些動物是如何生活，化石紀錄就變得可笑的難以捉摸。足跡的模式、牙齒的印痕，和骨頭的結構，可以被用來做為許多故事的開端，但是哪一個故事才是正確的？創造這些線索的行為，並沒有成為化石，因此，其真實性永遠無法為人所確知。

終究，臆測恐龍的行為是不合科學的，因為那些理論無法得到驗證。一個動物學家可能必須花十年的時間在田野間研究活生生的動物，才覺得有足夠的信心

變動中的世界

第一批恐龍住在一個龐大的蟹形大陸上，這個大陸位於浩瀚的海洋中央，從一個極地延伸到另一個極地。

雖然龐大的大陸正在分解，侏儸紀的蜥腳類恐龍群仍然能從非洲的北端走到澳洲。

三疊紀
二億二千萬年前

盤古大洋

盤古大陸

侏儸紀晚期
一億五千五百萬年前

古地中海

盤古大陸

白堊紀早期
一億二千七百萬年前

雖然我們腳底下的土地感覺很堅實，但事實上它是不斷在移動的，它移動的速度，大約和我們指甲生長的速度一樣。這表示，自從地球有生命以來，這段難以想像的長時間當中，各個大陸已經以各種不同的結構位置，在全球各處游移多次了。除了改變地球的面貌以外，由於洋流和風向所受到的連帶改變，這些運動也對全球氣候造成極大的影響。

移動的大陸也把生活其上的植物和動物帶到不同的氣候區。因此，譬如在寒武紀時，澳洲是處在北半球的，然後，在接下來的數百萬年間，它漂過熱帶，流向南極，然後再往上回流到今天的位置。對地球上的生命而言，地面規則是不斷在改變的。

恐龍時代是以一個龐大的陸塊開始，然後慢慢的分崩離析。當時沒有冰帽，有時候海平面比今天還要高出很多。在接近中世代末期時，陸塊開始比較近似於今天的面貌，但是，它們當然還是在持續的移動，說不定有一天，又會重新形成一個龐大的大陸。

來解釋那個動物的行為。因此，我們怎麼可能聲稱自己了解一群三角龍（Triceratops）的結構？答案當然是：我們不能，但我們確知這些動物曾經存在，而且會繁殖，因此，試圖去找出更多有關牠們如何生活的一切，似乎是非常值得的。

本書的目標，是要藉著把所有科學上可以確定的元素都放在一起，再用合理的猜測填補不足的空隙，以幫助讀者更完整的想像這個古老又疏遠的世界。無論是內文或圖片，我都試圖用各種不同的方法來達成這個目標。

為了創造這些故事，我花了兩年的時間和科學家討論，並閱讀第一手和第二

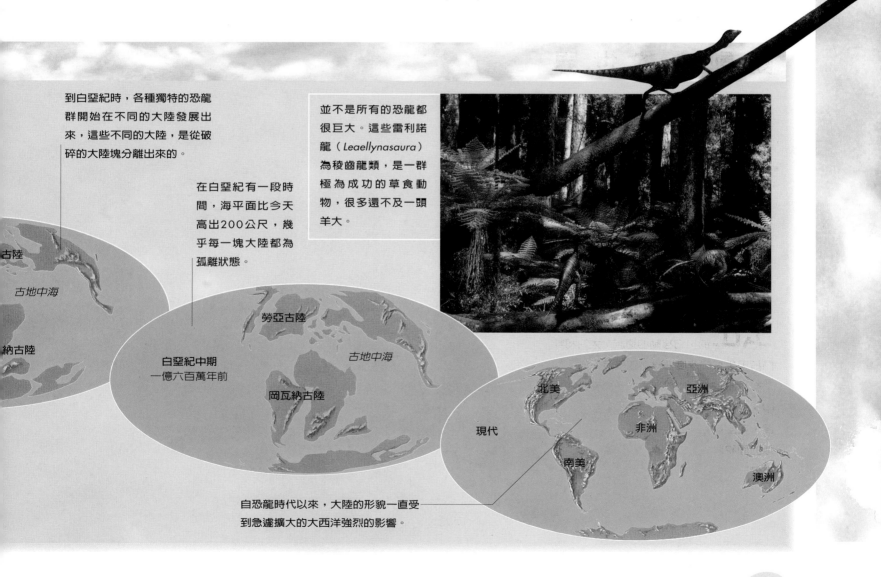

到白堊紀時，各種獨特的恐龍群開始在不同的大陸發展出來，這些不同的大陸，是從破碎的大陸塊分離出來的。

在白堊紀有一段時間，海平面比今天高出200公尺，幾乎每一塊大陸都為孤離狀態。

並不是所有的恐龍都很巨大。這些雷利諾龍（Leaellynasaura）為稜齒龍類，是一群極為成功的草食動物，很多還不及一頭羊大。

古陸

古地中海

納古陸

勞亞古陸

古地中海

白堊紀中期
一億六百萬年前

岡瓦納古陸

北美

亞洲

現代

非洲

南美

澳洲

自恐龍時代以來，大陸的形貌一直受到急遽擴大的大西洋強烈的影響。

恐 龍 的 偉 大 王 朝

這 張族譜顯示，一群古生代的古老爬蟲類，是如何多樣化發展，進而稱霸了中生代的世界。當爬蟲類開始出現時，依頭骨型態的不同，形成三個主要的群體。今天，這些形式仍然存在於烏龜、鳥類與鱷魚，和哺乳類動物的身上。後來出現的海洋爬蟲類，演變成另一個獨特的群體，但是沒有留下現代的子孫。

從三疊紀一開始，烏龜便局限於幾種具厚重甲殼的形式，一直到今天仍是如此。鳥類和鱷魚的祖先──祖龍（archosaurs）──雖然發展得很好，但是那個時期實際上是屬於大型的似哺乳爬蟲類所有。隨著三疊紀進展，這些巨大的動物開始式微，但是他們產生了新品種，和我們今天所稱的哺乳類動物更為接近。到侏儸紀開始時，小型、有毛髮的溫血哺

乳類動物就演化出來了，但是數量很少，而且在接下來的一億三千萬年，都維持著這樣的狀況。

最重要的是，三疊紀是祖龍蓬勃興盛的時期。他們從小型快速的動物，發展出巨大的肉食動物、碩重的草食動物，甚至纖細會飛的翼龍。他們也造就了恐龍。起初恐龍在三疊紀中期出現時，並沒有什麼影響力，但是等到三疊紀末期，他們便稱

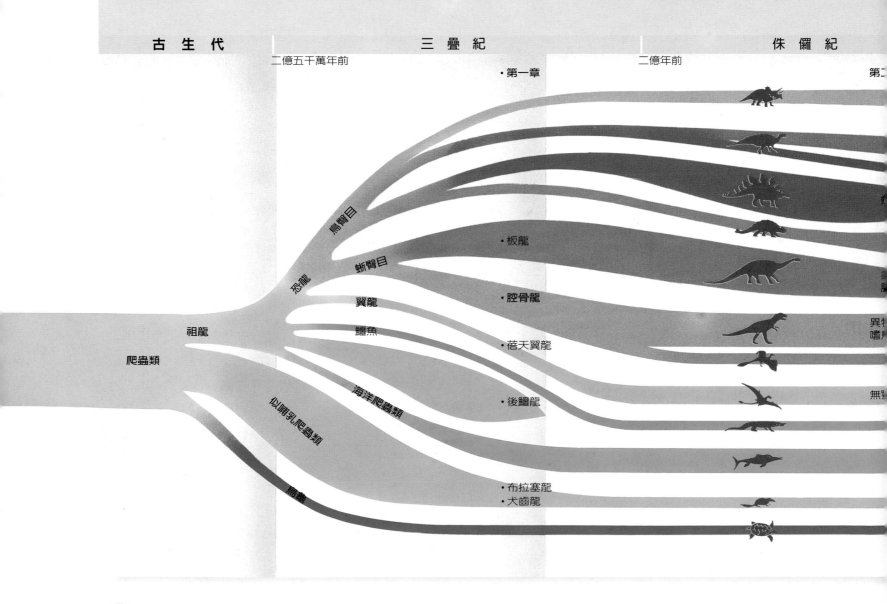

古 生 代　　　　　　　三 疊 紀　　　　　　　侏 儸 紀

二億五千萬年前　　　　　　　　　　　　　　二億年前

·第一章　　　　　　　　　　　　　　　　　　第二

爬蟲類　　祖龍

鳥臀目
蜥臀目
翼龍
鱷魚
恐龍
似哺乳爬蟲類
海洋爬蟲類
烏龜

·板龍
·腔骨龍
·蓓天翼龍
·後鱷龍
·布拉塞龍
·犬齒龍

異物
嗜肉
無齒

霸了地球上的生命。恐龍分成兩個主要的群體——蜥臀目（saurischians）和鳥臀目（ornithischians）——依照臀部構造的不同來區分。在侏儸紀期間，由肉食的獸腳類（theropods）和草食的巨大蜥腳類（sauropods）所組成的蜥臀目，高度成功的發展。然後，到白堊紀時期，鳥臀目便興盛起來，等到白堊紀末期，鴨嘴和有角的鳥臀目恐龍逐成為最常見的草食動物。

最後盛世：到恐龍時代末期，像這些大鵝龍的鴨嘴狀恐龍，是地球上最常見的草食動物。

然後，在六千五百萬年前，這所有的動物就都滅亡了，只留下少數小型有羽毛的獸腳類，和哺乳類動物。

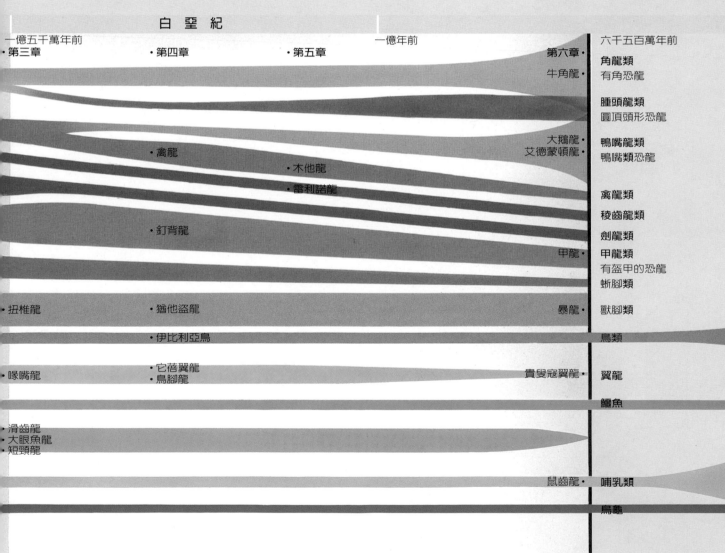

白 堊 紀

一億五千萬年前　　　　　　　　　　　　　　　　　　　一億年前　　　　　　　　　　六千五百萬年前

・第三章　　　　　　　・第四章　　　　　　　・第五章　　　　　　　　　　　　　　　　第六章・

牛角龍・　**角龍類**
　　　　有角恐龍

　　　　腫頭龍類
　　　　圓頂頭形恐龍

・禽龍　　　　　　　　　　　　　　　　　　　　　　　　大鵝龍・　**鴨嘴龍類**
　　　　　　　　　・木他龍　　　　　　　　　　　　艾德蒙頓龍・　鴨嘴類恐龍
　　　　　　　　　・雷利諾龍

　　　　　　　　　　　　　　　　　　　　　　　　　　　　　　　禽龍類

　　　　　　　　　　　　　　　　　　　　　　　　　　　　　　　稜齒龍類

・釘背龍　　　　　　　　　　　　　　　　　　　　　　　　　　　**劍龍類**

　　　　　　　　　　　　　　　　　　　　　　　　　　甲龍・　**甲龍類**
　　　　　　　　　　　　　　　　　　　　　　　　　　　　　有盔甲的恐龍

　　　　　　　　　　　　　　　　　　　　　　　　　　　　　蜥腳類

・扭椎龍　　　　　　・猶他盜龍　　　　　　　　　　　　暴龍・　獸腳類

　　　　　　　　　・伊比利亞鳥　　　　　　　　　　　　　　鳥類

・喙嘴龍　　　　　　・它蓓翼龍　　　　　　　　　　貴雙寇翼龍・　翼龍
　　　　　　　　　・鳥腳龍

　　　　　　　　　　　　　　　　　　　　　　　　　　　　　鱷魚

・滑齒龍
・大眼魚龍
・短頸龍

　　　　　　　　　　　　　　　　　　　　　　　　　　鼠齒龍・　哺乳類

　　　　　　　　　　　　　　　　　　　　　　　　　　　　　烏龜

手的考古資料。在一群有經驗的研究人員輔助下，我們逐漸把注意力集中在一些已經有足夠知識可以幫助我們形塑其完整形象的動物。例如，我們在第一章選用腔骨龍（Coelophysis），並非因為牠是目前發掘到最早的恐龍，而是因為牠是典型的早期恐龍，而且我們對牠所知甚多。由於同時也要描述恐龍與其週遭動植物的關係，我們自然就會找上全世界最豐富的一些化石床。新墨西哥州的「鬼牧場」（Ghost Ranch）曾出土數百副腔骨龍骨骸，再加上與之相關的一些化石床所提供的資料，讓我們得以把其他生物加進腔骨龍的世界裡——包括一些草食動物、各

持久耐用的體格

恐龍的確是為速度和靈敏而設計的第一批陸上動物。牠們的骨骼強壯而輕巧；有著高貴的挺直姿態，尾巴具有機動性的平衡作用，並且具備高度活躍的新陳代謝系統。牠們使其他的動物如哺乳類看起來很笨拙。

快速的小型爬蟲類在恐龍之前就存在了，而關於恐龍是如何及何時演化出來的，仍有一些爭議。但是目前最為大家所接受的理論認為，恐龍最早是在三疊紀中期，即大約二億三千五百萬年前，以小型、兩足的肉食動物形式出現，牠們具有一些與眾不同的特色。這些特色包括：頭骨中有一個額外的孔、可以攫物的雙手，和特化的踝骨，但是最特出的地方，應屬恐龍的臀部。牠們有五塊融合的荐骨脊椎，協助建立一個非常強壯的臀部。加上大腿骨特化的孔腔，允許恐龍具有一個有力的直立姿勢。長尾巴把平衡的中心點堅固的擺在骨盤上，讓牠們能夠以兩腿跑步。這同時也釋出兩隻前肢來抓取食物。這一切，都是受益於高度特化的骨骼。恐龍有許多骨頭和鳥類一樣，具有氣囊，而且在演化的過程當中，還削減了許多對結構力不具絕對必要性的骨頭。就體型而言，恐龍的體重可能算是令人訝異的輕。

我們所知最早的恐龍，是最近在阿根廷一個二億二千八百萬年前的岩層中發現的。發掘者保羅·瑟里諾（Paul Sereno），把牠取名為始盜龍（Eoraptor），或稱拂曉獵手。如果恐龍都是從始盜龍這種動物來的，那麼牠們一定演化得非常快。因為在僅僅數百萬年之內，另外一種非常不同的恐龍就出現了—— 一種叫做前蜥腳類（prosauropods）的碩重四足草食動物，成為統領侏儸紀世界的第一批巨無霸。

輕巧的中空骨頭

可攫物的手

直立的兩足

融合的臀部

有關節的踝骨

具平衡作用的長尾巴

結構健全：腔骨龍的骨骸顯示許多早期恐龍的特色，這有助於牠們在陸上的成功發展。

種可能的獵物，和一頭大掠食者。

　　大致來說，研究保存良好的化石床的科學家，也更有可能
發現動物行為的線索，譬如指出腔骨龍可能同類相食的事
例，還有在三角龍的臀部發現了暴龍（Tyrannosaurus）的齒
印等。只要有科學證據存在，我就拿來都融入主文所形容
的動物行為裡面；全書各處還有一些加框的附文，對這
類證據的某些最佳例子提出了詳盡的資料，且描述一
些重要的發掘，和對某些我所做的假說提出解釋。大部份
有關動作、攻擊、防禦，和採食的描寫，都有良好的化石證
據做為基礎。

　　然而，對於比較屬於猜測的部份，例如社會行為、親子關係，和交配，我常
常就必須拿現代動物來加以比較。別忘了，基本上，恐龍是在陸上築巢的大型爬
蟲類。另外，我們知道，現代的鱷魚和恐龍的祖先有關係，而且鳥類是牠們的後
代，因此，恐龍可以被視為連接這兩種動物的失落的一環。如果這兩種動物都沒
有顯示某種特定的行為——例如胎生——那麼恐龍就不可能會有。

　　有時候，某些故事只是合理的猜測。例如，我指出小型的食蟲翼龍無顎龍
（Anurognathus）利用巨型草食的梁龍（Diplodocus）做為覓食基地台，來獵捕昆
蟲。關於這點，並無證據存在，而且，也很難想出有什麼可以來為這點提供證
明。但是，基於今天有很多食蟲鳥類利用大型草食動物做為覓食基地台，因此在
恐龍時代，翼龍也很可能有相同的行為。

　　本書的結構，是企圖幫助讀者想像，讀者和今天的博物學家或野生動物觀察
者一樣，是從一個藏身處來觀察恐龍。每一章都使用一個重要化石床的證據，來
輔助創造歷史中某個時刻的樣貌——通常不超過某特定動物生命中的一年——而

且是設定在某個特定的地點。雖然只涵蓋很短的時段，但是故事本身卻意圖反映不同物種更廣泛的命運，正因為如此，才會有第一章中扁獸龍（Placerias）的式微，和第二章中梁龍的興旺。

恐龍時代包括了從大約二億三千五百萬到六千五百萬年前這段時間，佔據了地質學上所謂的中世代（Mesozoic，意指「中段生命」）的大部份。而中世代又分為三個時期——三疊紀（Triassic）、侏儸紀（Jurassic），以及白堊紀（Cretaceous）。在選擇每一章的基本故事時，也都設定在三個時期裡面的其中之一，我試圖把恐龍史上的每一個重要時刻都包括進來，並選用各式各樣的地理和氣候狀況。在敘述上，我使用地質學上的名詞來稱呼已經消失的山脈和海洋，以強調當時的地球和我們今天的世界有多麼不一樣。

照片方面，就和內文一樣，我們嘗試使之盡可能逼真。在研究階段時，我們和古植物學家討論過中世代的植物相（flora），並到世界各地尋找和那個世代的植物仍然相似的所在。我們找到幾個獨特的小小「失落的世界」，在那裡，雖然有像青草這種摩登的入侵者，但是古老的植物品種依然存活。我們的照片包括智利的智利松林，加州的紅木杉（redwood）森林，紐西蘭的樹蕨和羅漢松（podocarp）林，澳大利亞的蘇鐵樹，和新喀里多尼亞島奇異的南洋杉（araucaria）。這些都被用來當做我們的恐龍的背景。

恐龍的模型，都是以最新的科學重建為根據，和前面一樣，選擇為人所熟知的動物很有用——因為模型建構者知道的資訊愈多，模型就做得愈好。然後，這些模型經由電腦予以數位化和改造。等加上皮膚以後，再把牠們擺出姿勢。

皮膚的模式大半是憑藉臆測。曾經有皮膚的印痕被發掘出來，但是顏色一直是個謎。我們的圖片涉及了某些假說。例如，和多數哺乳類動物不同，鱷魚

大自然的花園如何成長

中世代開始的時候，許多在前一個時期（古生代）興盛的植物如木賊（horsetail）和石松（club moss），仍然佔重要的地位，尤其是在潮濕地區。但是改變仍舊不可免，藉風力授粉的原始針葉樹開始往四處擴散，在三疊紀期間，成為地球上最常見的樹，產生了許多不同的品種，最後並形成壯觀的森林，到今天，我們仍可以在北加州的紅木杉公園裡看到它們的影子。蕨類繼續其高度成功的發展，覆蓋了開闊地帶和森林下層兩種聚居地，是中世代最類似青草的植物。蘇鐵類（今天仍有少數品種存在）和銀杏類（唯一仍然存在的代表是銀杏樹）也很常見，大多以灌木和樹的形式出現。還有幾種植物並沒有留下現代子孫：包括了種子蕨類、灌木型本內蘇鐵，和一些針葉樹品種。

恐龍大概沒有見識到多少我們今天所習見的多彩、紛雜的開花植物。這個現在已經包括了從橡樹、桃花心木、仙人掌，到青草等各型種類的浩大植物群，在中世代的中期悄悄的出現。雖然到末期時已然盛大開放，但是當時稱霸的植物品種，可能仍屬蕨類和針葉樹。

和鳥類兩者都看得見顏色，因此我們假定，顏色對恐龍很重要。如果這點成立，那麼像保護色、逆彩色，和色彩展示這些特徵，就應該很常見。在非常巨大的動物身上，這並不表示牠們具有花紋，而是牠們可能有多彩多姿的光彩和冠部。

《與恐龍共舞》的整體效果，是要把你送回到恐龍的史前世界，同時也讓你發掘更多有關我們知識所奠基的化石發掘和科學發現。這是地球上所曾存在過最傑出的生物之一的自然史，我希望所有年齡的讀者都能愉快的享受這本書。

二億二千萬年前

新物種

1

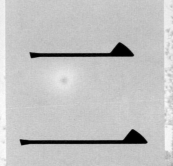

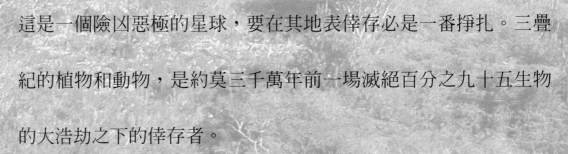

億二千萬年前的地球。三疊紀（Triassic peri-od）中期的地球，和我們今天所知道的世界十分不同。浩瀚的盤古大洋（Panthalassa Ocean）遮蓋了三分之二的地表。唯一的陸塊盤古大陸（Pangaea）佔據了地表的其餘部分，綿延不斷的從北極一直延伸到南極。極地不但沒有冰帽；反之，海潮使得盤古大陸的極地區潮濕多雨。陸塊其餘的區域，則多半是炎熱乾旱的。

這是一個險凶惡極的星球，要在其地表倖存必是一番掙扎。三疊紀的植物和動物，是約莫三千萬年前一場滅絕百分之九十五生物的大浩劫之下的倖存者。

起初，複雜的生物圈開始緩緩重建時，看似二疊紀（Permian period）常見的動物會重返地表，且以似哺乳爬蟲類佔優勢。接下來，事情卻開始有了轉變。此時，爬蟲類回到了海洋，成為頂尖

未來物種的雛型：夕陽微光下的小腔骨龍。牠們輕盈而敏捷的身體，最符合三疊紀季節性景觀的生存條件。

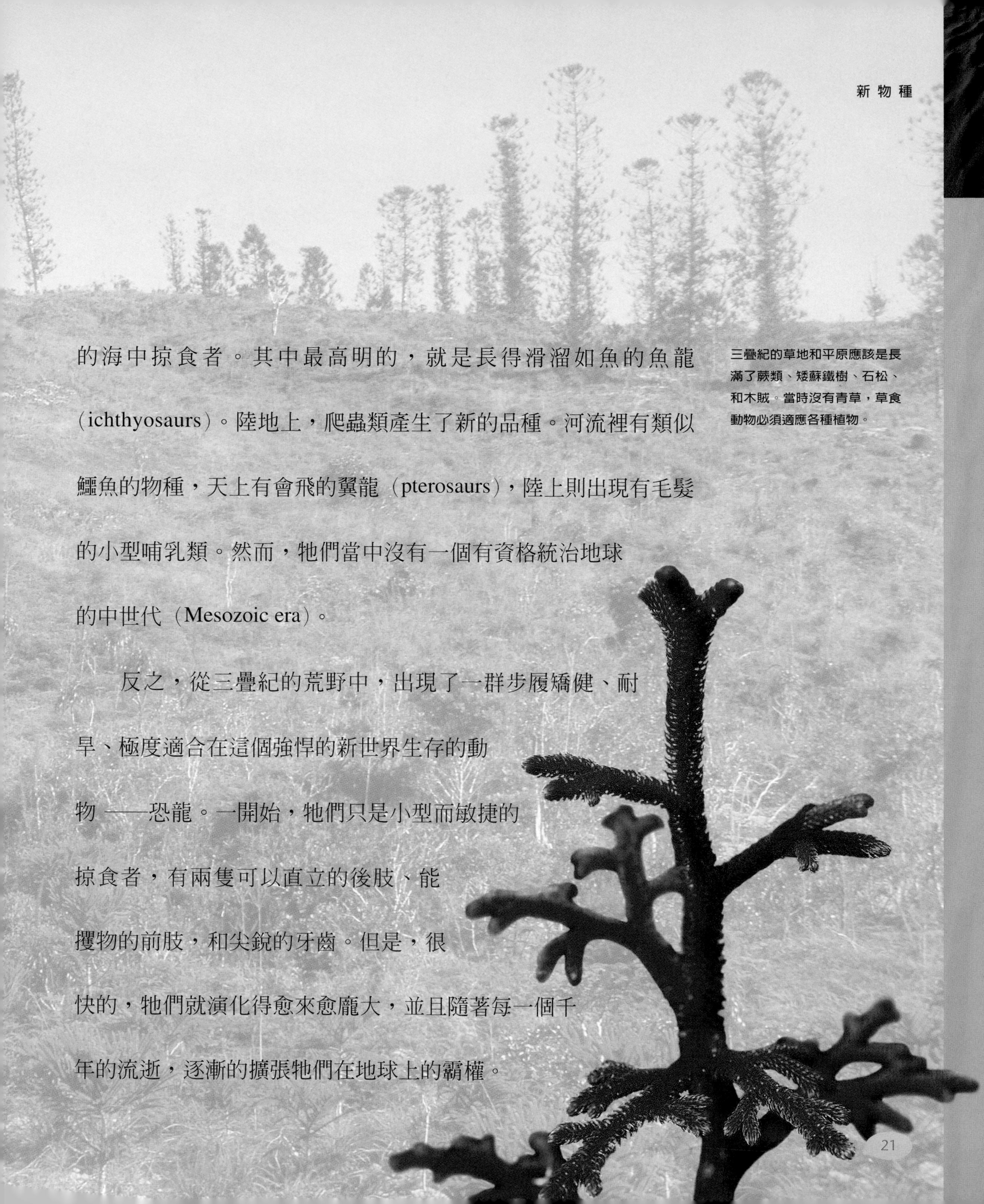

的海中掠食者。其中最高明的，就是長得滑溜如魚的魚龍

（ichthyosaurs）。陸地上，爬蟲類產生了新的品種。河流裡有類似

鱷魚的物種，天上有會飛的翼龍（pterosaurs），陸上則出現有毛髮

的小型哺乳類。然而，牠們當中沒有一個有資格統治地球

的中世代（Mesozoic era）。

反之，從三疊紀的荒野中，出現了一群步履矯健、耐

旱、極度適合在這個強悍的新世界生存的動

物——恐龍。一開始，牠們只是小型而敏捷的

掠食者，有兩隻可以直立的後肢、能

攫物的前肢，和尖銳的牙齒。但是，很

快的，牠們就演化得愈來愈龐大，並且隨著每一個千

年的流逝，逐漸的擴張牠們在地球上的霸權。

三疊紀的草地和平原應該是長滿了蕨類、矮蘇鐵樹、石松、和木賊。當時沒有青草，草食動物必須適應各種植物。

霸 權 之 爭

————疊紀時期，盤古大陸（Pangaea，意即「全土地」）這片唯一的陸塊正值最遼闊之時，唯一未連接的只有中國和一部分東南亞所形成的陸塊。一直要等到三疊紀很末期，這塊龐大的陸地才第一次發生斷裂，分出了非洲和北美洲。當時兩極地區沒有雪，然而雨量充沛，或許還有嚴重的暴風雨。而赤道地帶則是以又熱又乾的沙漠為主。恐龍出現之前，三疊紀時期並沒有任何動物「稱霸」，而是有許多完全不同的物種出現又消失。

三疊紀一開始，一片空曠的世界只剩二疊紀滅絕（Permian extinction，見頁28）後一、兩個倖存的物種。還要再經過數百萬年，地球上的生物才真正開始復甦。第一個展現多樣性的物種是無脊椎動物，像蜘蛛、蠍子、馬陸，和蜈蚣，這幾種古老的無脊椎動物在經歷滅絕後，於三疊紀初期再度開始旺盛起來。隨著地球復甦，雖然有很多昆蟲絕種，然而也有更多的現代品種取代了老的品種，包括蚱蜢、臭蟲、嚼竹蟲，和原始的甲蟲。從那時起一直到今天，昆蟲一路生存下來，不但種類增加，而且不受任何全球性滅絕的影響。

蜘蛛是很古老的動物，根據這個白堊紀的化石顯示，牠們從恐龍時代到現在的變化不大。

昆蟲早期的長處之一，就是能夠飛行——這一點其他物種歷經幾百萬年都做不到。有幾種爬蟲類可能是為了捕捉某些昆蟲，曾經嘗試滑翔和飛行，但是也要等到三疊紀中期，才有會飛的翼龍出現。

至於植物方面，木賊和石松不再獨佔

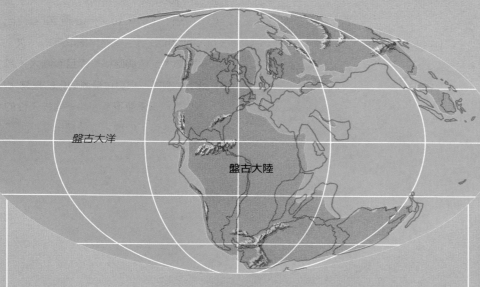

盤古大洋

盤古大陸

盤古大陸這塊超級大陸在三疊紀達到最大面積。所有的陸塊全都推擠在一起，形成一片從南極到北極接連在一起的大陸塊。北邊和南邊的兩塊陸角向東延伸，把古地中海（Tethys Ocean）半圈起來。

地球其餘的地方都被浩瀚的盤古大洋（Panthalassa Ocean）所掩蓋，其面積是今日太平洋的兩倍。雖然海洋偶爾會把盤古大陸的部分地區隔離開來，但由全球各地植物和動物的相似性來看，可見無論是

陸上或海底，生物都能夠在地表上自由移動。北邊和南邊的陸角因為有充沛的風所帶來的雨水，應該是草木茂盛，反之陸地中央則缺水，形成了廣大的沙漠。

地球景觀，但仍繼續產生巨大的品種。適應乾燥氣候的蕨類植物佔據了曠野，針葉樹則成為最常見的樹種。三疊紀初期時只有原始的針葉樹，但很快的就分化出柏樹、紅木杉（redwood）、南洋杉（araucaria，和現代的南洋杉〔monkey puzzle〕有關連）、羅漢松（podocarp）、和後來的松樹。由於盤古大陸的多數地區均為乾燥環境，故針葉樹佔有很大的優勢。其他植物大都需要水才能繁殖，針葉樹則依靠風來散播種子。

種子蕨類在南半球很常見，其外觀和化石紀錄裡的蕨類一模一樣，但繁殖方法卻截然不同。它們在中世代結束之前就絕跡了，但是很多人相信，它們是開花植物的祖先。

海中生物在二疊紀滅絕中所遭受到的折損，比陸上生物更嚴重。三疊紀初期有段時間，爬蟲類演化出某些巨大的海中掠食者，幫助海洋重建生命。有生著蹼般四肢的長尾食魚爬蟲類幻龍（nothosaurs），有擅長從岩石上摘取有殼軟體動物的矮胖爬蟲類盾齒龍（placodonts）。但是最成功的海中爬蟲類是類

似海豚的魚龍（ichthyosaurs）；牠們演化成迅速的掠食者，一直到一億三千萬年後，牠們還在繼續捕食魚類和烏賊。

三疊紀早期的陸生爬蟲類和二疊紀的很相似，均由體型笨重、似哺乳類的二齒獸（dicynodonts）居多數，即後來的犬齒龍科（cynodonts）及之後的哺乳類動物的前身。牠們不但沒有演化出更多種類，反而逐漸消失：到侏儸紀時期（Jurassic period），這整個物種就只剩下小型的食蟲哺乳動物。在三疊紀中期，另外一群爬蟲類祖龍（archosaurs）

鞭蠍是蜘蛛家族最老的成員之一。此類動物可能是四億年前最早的陸上掠食者的一種。

這些長於新喀里多尼亞的少見南洋杉樹種，代表了最早期的針葉木之一。抗旱性和藉風播種，讓針葉樹在三疊紀時期成功的生存。

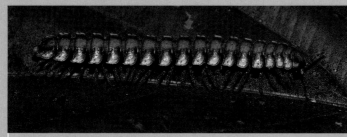

馬陸和蜈蚣屬於從三疊紀即存在的另一批古老的陸上無脊椎動物。雖然化石紀錄顯示牠們在中世代很少見，然而牠們在今日世界的成就，顯示這可能是不正確的看法。

蜻蜓在恐龍出現之前就已經是很常見的動物。雖然牠們也進入了三疊紀，但是在該時期第一次遇到競爭，即敵對的空中掠食者翼龍。

興起，發展出各種各樣的草食動物和掠食者。這些生物比較能適應乾燥的氣候，而且具備比較快速和敏捷的機能。從祖龍演化出鱷魚和恐龍，在接下來的一億五千萬年稱霸地球。由恐龍則分衍出食肉的獸腳類（theropods）和兩支巨大的草食動物群——蜥腳類（sauropods）和鳥臀目（ornithischians）。這是有史以來第一次，草食動物大到能夠吃樹，而且有龐大、具發酵作用的胃，來對付最難消化的植物。

總之，恐龍並不是因為一些先天性的長處而「接管」地球。三疊紀末期發生了另一次大滅絕，使得許多當時出現且活躍的爬蟲類都消失了。這一次滅絕和二疊紀的不一樣，它發生得很迅速，可能是由掉落在魁北克地區的巨大隕石所造成的。而且，和一億五千萬年後令恐龍絕種的那一次大滅絕不同，這一次，大型的生物似乎才是倖存者。到侏儸紀時期展開時，世界已經是屬於恐龍所有了。

炎熱復返

四 月 —— 旱 季 開 始

中午時分，高大蕨類的灌木林原開始在炙熱的陽光下微微閃爍。雨已經停了，但是蕨類和石松（club moss）仍在起伏的丘陵上形成一片深邃蔥鬱的席墊。綠葉叢底傳來各種三疊紀昆蟲的喧鳴——草蛉（lacewing）、蠍蛉（scorpion fly），和豆娘（damselfly）飛掠於草葉間。蜈蚣（centipede）和馬陸（millipede）在濃重晨露所濡溼的根莖間爬行。對住在這裡的動物而言，此時豐饒不虞匱乏。然而旱季不遠了，再來將是九個月的乾旱和艱辛。

這片林地位於中央盤古大陸的西端，介於北邊的濃密低地沼澤和南邊的摩各

生 命 的 實 驗

本章大部分的動物，大致上是根據新墨西哥州「鬼牧場」（Ghost Ranch，見頁46）和亞利桑那州「化石森林」（Petrified Forest）的發掘所寫成的。然而，其中有兩種動物是選自比較遙遠的地區，因為此時的盤古大陸是一片綿延不斷的大陸，化石的發現顯示，全世界的生物之間有極為顯著的相似性。而之所以在三疊紀充滿變化的歷史中，選擇特定的這個時刻，是因為「鬼牧場」對一種特殊的早期恐龍——腔骨龍，提供了特別詳盡的資料。

腔骨龍

對環境具有高度適應力的小型肉食恐龍，是很活躍的獵者，而且嗜食腐肉。大多數時候可能都是單獨行動，但旱季時偶爾會在食物和水的來源地結集成群。

證據：新墨西哥州「鬼牧場」發現數百骨骸，包括一些完整的骨骸和小恐龍的骨頭。亞利桑那州「化石森林」也有發現。

大小：最長可達3公尺，站立時臀部高度幾近1公尺。體重約40公斤。

食物：是投機的肉食者，而且偶會同類相食。

時間：二億一千五百萬至二億二千二百萬年前。

後鱷龍

此時期最大的肉食動物，是恐龍之前最典型的快速掠食者，發展出獨特的直立姿勢。

證據：亞利桑那州「化石森林」有數起發現。

大小：最長可達6公尺，有一個超過50公分長的強壯頭骨。可後仰到約2公尺的高度。

食物：是活躍的肉食者。

時間：二億一千五百萬至二億二千二百萬年前。

海岸沼澤

蕨類高地

摩各永高原

盤古大陸西岸的一小塊區域。眾多蕨類高地的南邊是摩各永高原，北邊是許多漫長河流出海口所形成的沼澤，東邊則是一片空無的沙漠。

永高原（Mogollon Highlands）之間。蕨類植物叢中，高大、鉛筆似的南洋杉散佈生長，然而細瘦的針葉並不能為林地的居民提供多少蔽蔭。此地最大的動物是扁獸龍（Placerias），這是一種體型笨重的草食爬蟲類，原野上目光所及，都可以看到牠們的蹤影，成年者身長可超過三公尺，體重可達一噸。扁獸龍天生一身晦綠的斑駁色，但眼前這些獸群，卻被牠們所聚食區域的土壤給染紅了。扁獸龍最引人注目的地方，就是頭部的長相：沈重的頭骨從嘴部的兩側向下各長出一根長角。牠們利用這些角來掘土，扯出整株植物，然後連根帶葉吞食入肚。嘴部末端的喙，則用來割破比較韌的根莖。扁獸龍覓食過的紅土，都被掘成一片光禿，但

扁獸龍

壟斷二疊紀時期和三疊紀早期的最後一群大型類哺乳爬蟲類。以大團體集體覓食，用兩隻長角牙保衛自己。

證據：主要的發現是在亞歷桑納州聖強斯（St. Johns）「化石森林」的東南方，在該處同一個地點發現40隻骨骸。

大小：最長可達3公尺，但是體重可以超過一噸。

食物：主要是低矮的植物，但可能也掘食根部。

時間：二億二千萬至二億二千六百萬年前。

板龍

最有名的前蜥腳類（prosauropods）是巨型草食恐龍的第一支。可能群居，且其體型使之仰賴廣泛種類的植物維生。具有強壯

的帶爪前肢和有力的喙。

證據：從德國和法國兩處所發現超過100具破碎和完整的骨骸中，已經指認出數個品種。

大小：可能可以長到9公尺長度，使其能夠吃到3至4公尺高的植物。體重大約4噸。

食物：從樹到蕨類的各種類植物。

時間：二億一千萬至二億一千六百萬年前。

犬齒龍

證據：本章所敘述的型態，是以一種稱為三叉棕櫚龍（Thrinaxodon）的犬齒龍為基礎，南非曾經發現一副完整的骨骸。亞歷桑

真正哺乳類動物的祖先群稱，比較近於哺乳類而不像爬蟲類。有些可能成對穴居。

納州的「化石森林」只有發現兩具大犬齒龍的臼齒。

大小：三叉棕櫚龍不比一隻貓大，但是在「化石森林」發現的牙齒顯示是一隻更大的動物，至少有1.5公尺長。

食物：多數犬齒龍都食肉，然可以咀嚼的臼齒顯示，牠們也可以食用種子和根莖。

時間：二億一千五百萬至二億二千二百萬年前。

蓓天翼龍

我們所知最早的翼龍之一，有短翼，長而硬的尾巴，和可捕蟲的扣針似的牙齒。

證據：在靠近切內（Cene）的義屬阿爾卑斯山山腳發現了兩具骨骸。

大小：兩翼展開達60公分長，有大約6公分長的頭骨。

食物：昆蟲。

時間：二億一千五百萬至二億二千八百萬年前。

三疊紀的清晨：一小群在蕨類林原進食的扁獸龍迎接晨光降臨。雨季之後，一層厚實的蕨類植物掩蓋了灌木林高地，成千的扁獸龍到此地來掘食。

是蕨類具有延伸甚廣的根部，待來年就可以恢復舊觀。每年此時，幼獸的數目會超過成年的獸隻。扁獸龍幼獸大約僅有30公分長，從蕨葉上方幾乎看不到牠們的身影。雨季之初，成年扁獸龍在鬆動的紅土裡產下一窩窩的蛋，此時，在經過了三個月以後，獸群中到處可見小小胖胖的幼獸。從破殼而出的那一刻開始，扁獸龍幼獸就必須照料自己。親子之間並沒有維繫力可言；事實上，成獸似乎對幼獸視而不見。幼獸天生具有掘土的本能，雖然沒有成獸長長的顏面角，但是這些幼小的綠色爬蟲很快就學會尋找石松根和蕨類幼苗來幫助自己成長。牠們也都會緊緊的跟住獸群，一方面可以獲得保護，另方面也可以趁機撿拾成獸挖掘時遺留下來的殘根。

地力：許多灌木林原的植物發展出粗大的儲水根來適應冗長的乾季。扁獸龍的長形顏面角和有力的喙，有助於掘土取得這些根來食用。

到中午時，大多數扁獸龍已經停止進食，坐下來消化牠們早上的成果。扁獸龍沒有牙齒，必須依靠碩大胃部裡的酵素從食物中吸取營養。這個過程會製造許多廢氣，而且牠們胃腸的蠕動聲從遠處即清晰可聞。

等氣溫爬到攝氏30度以上，獸群即開始移動。由長者領隊，穿過灌木林地到河谷區去尋找蔽蔭和水源。扁獸龍是身材矮短的動物，走路時腿部向外呈圓弧狀搖擺，全身並隨著每一個步伐扭動，看起來一副腦滿腸肥的高傲模樣。看著牠們在蒸騰的熱氣中緩緩前進，就彷彿回到百萬年前的遠古時代，那時候所有的陸生動物都是以這種半直立的姿態行走。扁獸龍是瀕臨絕種動物的最後一支，不再是三疊紀的獨霸物種。每一次長期乾旱過後，其他物種似乎都能夠很快的復原，只

有扁獸龍的數量會遭到嚴重的打擊。換句話說,在過去數千年間遍佈盤古大陸的扁獸龍,如今已經銳減而變得罕見。現在牠們是瀕臨絕種的動物,只有在鄰近摩各永高原的少數地區,這種壯碩的動物才仍維持著往日的雄風。

獸群從高原下來,開始進入蘇鐵樹叢和針葉林。高大的松樹和銀杏提供牠們所渴求的涼蔭。扁獸龍循著無數代草食動物踏過的足跡而行,而樹林也隨之愈來愈茂密,迫使牠們必須成危險的單排行進。在開闊的草原上,扁獸龍對大多數的掠食者都還頗具有自衛能力。除了龐大的體型,牠們的顏面角和強壯的喙,都是很有力的武器。但是在這種高大灌木和樹林密集的區域,如果遭到襲擊,牠們就

災 難 中 的 災 難

恐龍出現之前的約三千萬年前,地球上的生物幾乎全部滅絕。二疊紀末期所發生的大滅絕,其事證和數字十分驚人;光就毀滅力而言,若拿發生在一億八千五百萬年後那場更著名的消滅恐龍的大滅絕來相比,只能算是小巫見大巫。當時百分之九十五的生命都滅絕了。在陸地上,繁盛的生態系統瓦解,整個動物王朝包括巨大的兩棲類和掠食的爬蟲類,全都消失了,甚至連昆蟲也不能倖免。海裡的狀況更悽慘,海百合和珊瑚這些古老的生物群全遭毀損,而在海中已經繁衍數百萬年的三葉蟲(trilobite)更因此絕種。

試圖解釋這個事件的科學家所面對的問題,就是如何找出一個強到足以使陸上和海中所有植物和動物都大量致命的殺手。出籠的理論不一而足。有些認為是火山惹的禍。所謂的「西伯利亞火山岩帶」(Siberian Traps)的形成,正

有關於二疊紀大滅絕的理論很多,但是陸地沙漠化和海洋發生停滯似乎是最可信的一種說法。

是發生在這個時期,數千年間湧出二百五十萬平方公里的岩漿,可能毒害了整個大氣。

另外,有人認為和恐龍時代的末期一樣,是因為有彗星擊中了地球,或者是一個急遽的冰河期(ice age),使地球不再適合居住。這些理論都有各自的漏洞,而許多科學家則偏向於相信有一個比較漸進式的殺手──畢竟,滅絕的時期持續了數百萬年之久。如今一般相

信,在二疊紀末期,幾乎地球上的所有物種都是死於窒息。無論在陸上或海裡,缺氧都是一個非常致命的殺手。

這場災難可能是因所有陸塊要合併成盤古大陸而引起的。這個陸塊運動使數千公里的海岸線消失不見,並且創造了大片的內陸沙漠。海平面降低了,陸地溫度升高了。海洋也隨之溫暖起來,隨著兩極和赤道間的溫差變小,海潮和洋流的活動也減少了。海洋開始停滯,造成化學變化,把二氧化碳釋放到大氣中,進而形成一個超級溫室效應。地球上的生命便開始被生煎活烤。

化石遺跡告訴我們,這場災禍的倖存者既少又相距甚遠。一直要等到三疊紀中期──大約大災難的二千萬年以後──先前豐富多樣的生態才恢復舊觀。

很容易受到傷害。隨著氣氛愈來愈緊張，獸群開始咳叫、呻吟，幼獸也更緊貼著成獸行進。

牠們這麼害怕不是沒有原因的。在不到10公尺之外的矮樹叢後面，正躲著一隻後鱷龍（Postosuchus），其身長幾乎6公尺，頭骨厚實，滿口銳利的牙齒——牠是食物鏈的最上端。掩蓋背部的暗褐色骨板，形成一片偽裝的盔甲，並提供身體一股堅固的力量，以支撐腿部能挺直站立。因此，後鱷龍不但防禦密實，而且動作迅速。

後鱷龍是獨行獵人，擅長偷襲。這隻母後鱷龍一動也不動的注視著扁獸龍群從眼前經過，緩緩的轉動頭部，目光追隨著預定中的獵物。平時，牠會先打量獸群一陣子，找出弱者，再把目標鎖定在某個生病或受傷的對象，但眼前有這麼多的幼獸，選擇的對象可多了。牠站直了，凝定不動。牠的體型看起來像鱷魚，但頭部顯然完全不同。牠的口鼻極深，因此咬合力特強。還有很顯眼的一點，就是站立起來時，又長又壯的腿部摺攏在身子底下，使牠能夠以迅雷不及掩耳的驚人速度轉身。

隨著一聲草木窸窣，牠已往前衝出，攫住一隻在路邊停下來覓食的幼獸。在後鱷龍的利牙咬斷肋骨之前，小扁獸龍只來得及發出一聲慘叫。獸群間迅即傳開一陣警覺性的波動。大隻的扁獸龍低吼起來，揚頭擺動顏面角做出威脅的姿態。但是後鱷龍已經帶著獵物鑽入矮樹叢，迅速的肢解小幼獸，囫圇吞食了。在沒有任何看得見的威脅或警示吼叫的情況下，獸群很快就平靜下來；幾分鐘之內，一切就彷彿從來沒有發生過襲擊一樣。獸群繼續往河邊走。然而，後鱷龍還沒有完事——牠大概還會再攻擊幾次，再吃個四、五頭幼獸，而沒有一隻大扁獸龍會企圖追捕牠。

這就是扁獸龍的生活方式。獸群只是一群非常鬆散的個體集合，並沒有保護

幼小的社會結構。反之，牠們所憑藉的，僅是集體的數量而已。母獸只要四年即告成年，從那時起，只要能夠倖活，每年都能夠下蛋，如此持續20年。而每一次下蛋的數量可達30顆，也就是說，每隻母獸一生中很輕易就能產生600隻子嗣。然而，這些子嗣最終若能有兩隻或三隻，能活到再衍生下一代，就算是非常幸運的了。乾旱和其他掠食者，造成牠們極高的死亡率。

過午沒多久,獸群抵達了河邊。最近的幾場雨使得河水高漲,流過叢叢密集的木賊。木賊高大的桿狀莖擠滿了河岸,有些比較老的還冒出泥沼數公尺高。扁獸龍追循的這條路線在一個河灣處終結,那裡有一片紅色淤泥積成的長形河灘,幾株發育不良的羅漢松取代了木賊。這群草食動物排列在岸邊飲水,附近有幾隻狡黠的綠色蒙托龍(metoposaurs)聚集在淺水灣裡。如同扁獸龍之於陸地,這種扁頭的兩棲動物和其同類,曾在古早的時候稱霸各地水道,但是現在其他爬蟲類掠食者已經取而代之。對面的河岸,有一排鱷魚似的植龍(phytosaurs)張著細長的嘴巴在曬太陽。一看到有獸群到來,有幾隻便溜進河裡去探查。植龍是強悍的掠食者,主要以食魚維生,像每年此時河中充裕的淺水鯊,就是牠們捕食的對象。雖然可以長到5或6公尺長,牠們卻從來不會去惹成年的扁獸龍,不過牠們可以輕而易舉的就把一隻小扁獸龍置於死地。此刻的小扁獸龍運氣好,因為成排喝水的獸群展現出林木般浩大聲勢的角牙,使得在淺水中嬉戲的幼獸得到保護。

下游一點的地方,河水翻落過一連串短促的激流,然後在沿岸發展出一些寬闊滯緩的池塘。在此地,昆蟲的幼蟲以吃岩屑維生,更大一些的動物如螯蝦(crayfish)則以吃昆蟲維生。在其中一個池塘裡,一隻肺魚(lungfish)正要吃掉一隻螯蝦,牠強壯的顎部很快就把甲殼動物的硬殼給解決掉。然而,肺魚自己也同時是被獵食的目標。就在上方的池塘邊,站著一隻瘦長的爬蟲類動物。牠用後肢平衡,頭俯視著水面,尾巴往後伸,不斷的做出調適的小動作以保持身體靜止。這是一種名叫

(左頁圖)強悍的肉食動物:具備盔甲般的背部和強壯的顎部,後鱷龍是高原上頂尖的掠食者。完全發育的成獸身長超過5公尺,除了其他後鱷龍,什麼也不怕。

腔骨龍（Coelophysis）的小恐龍。

在這片乾燥的三疊紀景觀中，恐龍是相當新的後來者，從體型輕巧又善跑的爬蟲類演化而來。此時恐龍已經分化成許多不同的種類，但是腔骨龍仍然十分貼近原始的形貌，是一種小型、有兩隻足肢的掠食者。腔骨龍使用尾巴來保持平衡，比同時代的其他爬蟲類更輕巧、更敏捷。牠還具有會攫物的雙手，往後彎的利齒，和超強的視力。牠在這個特別窒悶的午後捕魚，注視著一隻肥胖的肺魚從距離水面才幾公分的泥沼中游過。這頭腔骨龍是一隻已成年的恐龍，從鼻端到尾部幾近3公尺，體重35至40公斤。那隻肺魚的重量大概有牠的四分之一，要填滿一口並不困難。腔骨龍必須第一次出擊就成功，否則自己也可能會掉到水裡去。

一隻藍色的豆娘飛來，停在牠靜止不動的口鼻上。牠歪歪頭，判斷一下水面下肺魚的正確位置，隨即攻擊。腔骨龍用彎形的牙齒鉤住獵物，然後尾巴有力的一甩，頭一拽，便把肺魚擲在

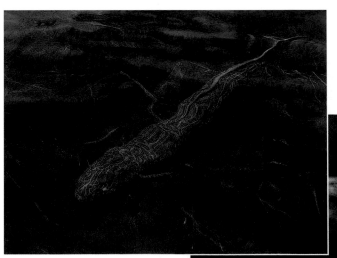

失去水的魚：一隻肺魚在淺水裡捕捉小甲殼類動物。一眨眼之間，牠卻成了饑餓的腔骨龍的大餐。恐龍用內彎的牙齒鉤住魚，然後運用下顎輕易就把魚肉分割成小片。

地上。然後用利爪把肺魚釘住,將之肢解。

　　腔骨龍吃東西的方法很簡單,除了前方幾顆用來啃咬的小牙齒,剩下的牙齒全都很像——每一顆都像是具有鋸齒刃的雙刃刀,極適合切割肉類。牠的下顎在中央的部位咬合,使得上排和下排牙齒能互相研磨,以便「鋸」開較韌的食物。以這樣高強的牙齒配備,很快就能把這頓肺魚大餐解決掉,牠先把大塊肉分解成小片,然後頭一仰,就把每一片成塊吞下。不到五分鐘,10公斤的魚肉就進了五臟廟,牠接著便跑去找個蔭涼處休息了。

此時恐龍已經分化成許多不同的種類,但是腔骨龍仍然十分貼近原始的形貌,是一種小型、有兩隻足肢的掠食者。

　　多數扁獸龍已經喝完水,坐在淺水灘納涼。幾頭幼獸遊蕩到比較深的老木賊林裡,啄食才從泥沼裡冒出頭的木賊嫩芽。在木賊林後面水灘的盡頭,是一片隆起多沙的河岸。有一片崖石憑藉著附近一片石松的球莖來維持不墜,那底下,隱藏著一個犬齒龍(cynodont)洞穴的入口。洞穴裡,一對身長一公尺的犬齒龍正蜷縮在那兒睡覺。雖然牠們是外頭那些龐大的扁獸龍的遠親,但牠們的頭部、肩膀,和背部卻都罩滿了厚實、黑色、毛髮似的鱗片,而且臉部還有長長的腮鬚。

　　這是一對夫妻檔,母獸的肚子旁邊還擠著三隻小獸。母獸在上一個乾季的末尾下蛋,小獸則在雨季的中期孵化出來。從那時起,母獸就一直留在洞穴裡,以牠腹部特殊的乳腺來餵養小獸。小獸看起來一點都不像犬齒龍,牠們仍是半盲的,而且除了背上一些將來會長出毛鱗的疙瘩,全身都光溜溜。牠們還不會走路;如果在洞穴裡和母親失去接觸,粗短的四肢就只會無助的搖晃。事實上,牠們完全無法獨立。在整個三疊紀當中,沒有任何一種親子關係是像犬齒龍這麼緊密的。但是以這麼稀少的幼獸產量,犬齒龍確實也擔當不起太多的損失。在幼獸的撫養期,父母必須竭盡全力予以保護。

（右頁圖）親情：一隻母犬齒龍躺在洞穴裡，背後的公犬齒龍正跨過牠要出外打獵。三隻幼獸偎在由地衣和南洋杉葉舖成的床裡，吸著母親的奶。

天色漸晚。扁獸龍群離開河邊，返回灌木林原。隨著太陽西落，大地也不再那麼炎熱了。這正是犬齒龍醒來的時候，牠們是夜間動物，一整日的休息也讓牠們感覺餓了。公犬齒龍伸伸瘦長的身子，爬到洞口。牠嗅嗅溫暖的晚間空氣，出發去展開夜獵的行動。犬齒龍只能看見黑與白兩色，但是夜間視覺非常敏銳，因此出獵時不必擔心像恐龍這類白天活躍的掠食者，也有助於出其不意的獵到一些動作遲緩的小爬蟲類。今晚沒花多少時間即有所斬獲。牠從一堆蕨類叢裡鑽出來，嘴裡咬著一隻小爬蟲。一回到洞裡，便和伴侶分享成果。在這個階段，幼獸對獵物仍然視而不見；牠們所有的營養都是來自母親的奶水。再一個月，牠們就會需要肉食，屆時父母親就都必須努力捕獵來餵養牠們。

有 毛 的 祖 先

哺乳類是一種古老的動物。我們可以追溯我們的祖先遠達三億年前的石炭紀（Carboniferous）晚期，由一群具有顯著不同頭骨形狀的爬蟲類所演化出來。這些被稱之為似哺乳爬蟲類，是因為牠們的骨骸有一些與哺乳類相近的特性，雖然外表看來，牠們仍然很像爬蟲類。在二疊紀時期，牠們成為陸上最多數的動物。

從南非的化石顯示，這些社群的種類豐富而多樣，從掠食者、巨大的草食者，甚至到穴居動物都有。雖然和所有的動物一樣，牠們也遭到大滅絕嚴重的打擊，然而一直到三疊紀早期，牠們都一直是最常見的爬蟲類。但是逐漸的，其他種類的爬蟲類起而代之，最後，恐龍取代了陸上所有的大型動物。

諷刺的是，在恐龍開始建立其霸權的同時，似哺乳爬蟲類也開始愈來愈像哺乳類，而不像爬蟲類了。犬齒龍的出現，給兩者之間提供了幾近完美的連結線索。犬齒龍有長型的身體，用四隻低矮的腿跑步，跑步時向兩邊搖擺的樣子像爬蟲類。但是牠們有特別的牙齒——臼齒、門牙，和犬齒——特性非常像哺乳類。牠們的下顎是由一塊骨頭衍生出來，和爬蟲類由七塊衍生不同；而兩塊重複的骨頭向上長，形成了中耳精巧的構造。最重要的是，犬齒龍的化石頭骨在口鼻處顯出一些小洞的樣式，似乎是供應腮鬚的神經根部。腮鬚是一種特殊功能的毛髮，暗示犬齒龍身上長滿了毛，而這是控制溫度所需的。這表

三疊紀的三叉棕櫚龍（Thrinaxodon）保存完美的頭骨，發現於南非的卡魯盆地。具有許多明顯的哺乳類特徵，例如有不同用途的牙齒、獨特的下顎等。

示，牠們可能是溫血動物。然而當哺乳類正清楚的在建立較進步的特性時，其數量卻日愈減少。在接下來的一億五千萬年，恐龍統治地球，而我們的祖先便不得不局限在矮樹叢下生存。

土地乾裂

九月———旱季

從上一次降雨以來，已經過了五個月，河流水位漸低。過去河川曾流過犬齒龍穴居的河岸，如今河水卻距離其洞口有20公尺之遙。各處乾涸的蛤蜊床，正是河面快速減退的見證。舊河床變成乾燥的紅色泥沼，而且還在猛烈的三疊紀太陽下開始乾裂。偶爾可見一個個的小洞口，洩漏了肺魚藏身的秘密。一個月前，當河灘開始淤塞時，牠們就鑽到泥裡去住，把自己包在繭膜裡面，打算以休眠的狀態熬過旱季。必要的時候，牠們能夠以這種狀態倖存過好幾個乾季，只要不被腔骨龍察知而挖出來吃。

雖然乾燥，河邊仍然充滿昆蟲的營營聲。蜻蜓巡視著木賊叢上的狩獵區，從羽翼處一把攫住動作比較緩慢的昆蟲。蜻蜓已經存在超過一億年了，雖然這些色彩鮮豔的品種不小，羽翼兩端可達15公分長，比起牠們龐大的祖先卻算不得什麼。一種在二疊紀絕種的大尾蜻蜓屬（Meganeura）蜻蜓，其張開兩翼的長度就有將近60公分。

一堆比較茂密的木賊旁有一根木頭，上面棲息著一隻蓓天翼龍（Peteinosaurus）。牠是屬於被稱之為翼龍類或飛行爬蟲類的一種。蓓天翼龍並不是第一個飛上天的爬蟲類——附近的松林間多的是會滑翔的動物——但牠們是首先發展出以拍撲翅膀來飛行的動物。

蓓天翼龍服貼的棲在木頭上，極具機動性的頭頸正追隨正上方的昆蟲的動靜。從牠的頭、肩、一直到背部，都長著豐盛細短的毛。牠用兩手各三隻矮短帶爪的指頭擒住木頭。牠最後一根指頭生長成一條長得驚人的翼樑，成為支撐翅膀的沿邊。當牠棲息時，翼樑就摺疊起來彎向身體的後方，與另一邊的翼樑微微碰觸。連於其上的，就是屬於翅膀的薄皮，從翼樑指頭到腳踝連成一片。

這種動物的一切構造，從幾乎透明的翅膀到紙般細薄的骨骼，都十分輕巧。

（左頁圖）蓄勢待發：一隻蓓天翼龍躲在羅漢松的樹蔭下，等待著下一隻不小心飛進牠利齒捕獵範圍的昆蟲。

整體來說，蓓天翼龍張開翅膀的長度大約是60公分，挺直的尾巴大約有20公分長，但體重只有100公克多一點。為了要飛行，翼龍去除了所有可能使牠們沈重的一切構造，以至於當牠們著陸時，就必須一直摺疊著翅膀，才能在陸上持續停留。至於吃東西，翼龍的嘴巴還算相當大——像蓓天翼龍就大約5公分長。牠主要吃昆蟲，像蜻蜓的大小就正合理想。突然，蓓天翼龍的後腿一蹬，跳躍出去。

飛向天空

有數百萬年的時間，昆蟲是唯一會飛的生物，但是在三疊紀早期的某個時候，翼龍也隨著牠們飛上了天空。沒有人可以確定這些特殊的物種是從哪裡來的，因為沒有所謂的「迷失的線索」可以把牠們和其他任何種類的爬蟲類連結起來。在化石紀錄裡第一個出現的翼龍是真雙齒翼龍（*Eudimorphodon*），已經是一種能把魚從水裡叼出來的高度演化的飛行者。過去牠都一直被形容成是恐龍的姊妹，但是許多古生物學家相信，真雙齒翼龍的來源必須追溯到更久遠以前，可能要遠到二疊紀。有證據顯示，許多爬蟲類為了適應而演化出滑翔的能力。有一種動物在肋骨末端長出延伸物，以幫助自己在樹與樹之間浮翔，另外一種在後腿之間有大片的薄膜，還有一種在背部長出長長的鱗片，可以用來幫助滑翔。在這所有的實驗當中，有一群物種爬到樹上，使用從前肢連到背部的一片皮膚來輔助滑翔。

但是早期的翼龍把飛行的方法更推進一步。牠們的骨頭變得比較輕；有一根手指頭，可能是第四指，開始長得更長。最後，牠們的第五根手指頭不見

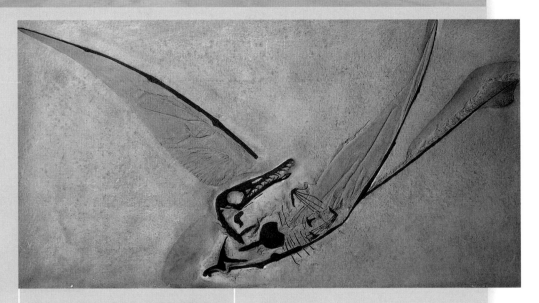

翼龍的起源是一個謎。牠們和早期的爬蟲類沒有明顯的關聯，是突然出現在化石紀錄裡面的飛行專家，具有紙般細薄的骨頭和長長的飛翼手指。

了，演化出一根長長的翼樑，而在中間有三根小指爪。皮膚從腿部和身體繼續伸展到指頭的最末端，創造出一片飛翼。牠們的肩膀和胸骨都強化了，以便支撐加大的肌肉，牠們不再滑翔，而是開始有力的拍翅飛行。除了蝙蝠和鳥，翼龍是唯一會拍翅飛行的脊椎動物，而且牠們是第一個。

從那時開始，這個物種維持如此的基本身體構造達一億六千五百萬年。或許有一部分是和征服天空的方式有關，在這一長段時間當中，牠們佔據了一個非常特殊的地位。

翼龍和鳥類不同的是，飛行時，牠們的四肢全都要運用上，因此無法發展出奔跑或棲水的形式。但是有一點很清楚，牠們的構造非常適合頻繁的滑翔，等到白堊紀，牠們更成為空中的巨人，能夠翱翔遙遠的旅程。

腕部把兩翅一展，隨即騰空。牠的大眼睛已經選好下手對象，翅膀愈振愈急，頭部卻紋風不動緊盯獵物。才飛起四秒鐘，這隻翼龍就逮住了蜻蜓，嘴巴喀喳一聲咬住了蟲的胸部和上腹。

此時是正午時分，在盤古大陸的這個區域，氣溫再高也高不到哪裡去了。所有植物都一片乾枯，樹蔭也不能給居民帶來多少解脫。熱氣甚至開始滲透到犬齒龍深邃的洞穴裡，無論父母或幼獸都睡得很不安穩。哺乳類溫暖的氣味吸引了兩隻腔骨龍的注意，牠們小心翼翼的迫近洞口。比較大的那隻機警的把鼻口探進洞中。大約伸進去50公分遠，就碰到了正要出來的犬齒龍。腔骨龍被發怒的大犬齒龍嚇得驚叫，滾下河岸。犬齒龍半身探在洞外，對腔骨龍不斷咆哮。

腔骨龍知道犬齒龍太大、太強壯，不是輕易可以得手的，因此牠們緩步走下河岸，在距離大約50公尺處停下來，但依然注視著那個洞口。最後，犬齒龍回到牠洞中受了驚擾的家人那裡，任由兩隻恐龍在外面乾瞪眼。

清涼水：正午的太陽熾艷，小翼龍又有一大片翼膜會吸熱，因此牠們常常到河邊戲水，利用蒸發的水氣來讓自己涼快一下。

這天的熱氣逐漸消散，等到日落時，高原林地和河谷間的溫差造成了一股微風。犬齒龍醒過來，為彼此理毛。此時三頭幼獸已經開始具備了許多成獸的特徵——黑亮如珠的眼睛，背部長了細毛，還有專用於咀嚼和啃咬的牙齒。幾個星期以來，牠們不時嘗試到洞口前做短途旅遊，雙親之一會照料牠們玩耍，另一位則外出狩獵。這一晚，公犬齒龍爬出洞穴勘查安危。兩隻恐龍已經不見蹤影，但是在河的對岸，幾隻植龍正在水裡撕扯一隻扁獸龍的屍骸。犬齒龍嗅到空氣裡有肉的氣息，匆匆跑下河岸去一探究竟。

三隻幼獸開始跟在父親身後爬出洞穴，第一隻坐在洞口，嗅著不熟悉的氣味。此時一隻原先一動也不動的站在樹林間的腔骨龍跨步而出，把幼獸從洞口咬走。恐龍利齒的刺咬，是這隻幼獸第一次、也是最後一次所感受到的痛苦，牠驚愕的鳴叫。公犬齒龍轉身奔上岸邊，但是已經太遲了。腔骨龍加速往河岸下逃遁。即使帶著獵物，腔骨龍仍可以達到每小時接近30公里的速度，短腳的犬齒龍要追上牠，簡直就是妄想。很快的，鳴叫聲就停止了。

同時，洞穴已經遭到了包圍。即使其餘的犬齒龍在攻擊發生之後，就已經躲進洞裡，樹林間卻還有更多的腔骨龍，牠們決心把洞裡的獸群給逼出來。公犬齒龍跑回來驅趕四、五隻圍在洞口的大腔骨龍。牠一邊倒退撤入洞穴，一邊對周圍的腔骨龍惡吼狂吠。這是一場打不贏的戰爭。等牠一消失，腔骨龍就逼近洞口，開始挖掘穴壁。夜裡，犬齒龍三番兩次試圖趕走腔骨龍，但是對方總不放棄。到了早上，穴道被挖得只剩下原來的一半長度。

洞穴裡，犬齒龍採取了確保自己在這場厄運中存活的唯一應變辦法。母親殘殺並吞食了自己的幼獸。這個行為似乎很怪異，但卻是以毫無遲疑的高效率速度來完成的。面對不可能與幼獸一同逃離的關頭，犬齒龍藉此取得所有可能獲得之營養，是可以理解的。在這類極端的情況下，求生存的需要超越了撫育的慾望。

犬齒龍選擇在傍晚時離開洞穴。腔骨龍群對牠們的逃逸吃了一驚，雖然其中一隻大的母腔骨龍試圖追捕，卻被公犬齒龍的反擊嚇得退卻了。其他腔骨龍又開始挖掘洞穴。裡面殘餘的哺乳動物氣味，還會繼續吸引牠們數小時，一直到洞穴轉涼為止；那時，牠們自然就會喪失興趣。

犬齒龍在穿越木賊叢潛逃時，把一隻正在休息的蓓天翼龍嚇得驚飛起來。小

（左頁圖）出來迎戰：大犬齒龍知道，一旦被腔骨龍發現，就不可能繼續在洞穴裡養育幼獸，因此牠們立即放棄家園。只要洞穴裡還殘留著犬齒龍的氣味，腔骨龍就會繼續挖掘。

41

翼龍低滑過河面，然後在河谷的另一邊高高飛起。在牠底下，即是蕨類灌木林
原。自雨季末期以來，這裡的景觀有了急遽的轉變。茂盛似毯的蕨類叢被僅剩幾
處的枯青或灰褐的草皮所取代。大片區域都被扁獸龍給刨光了，遠處，彌漫的煙
塵透露出覓食獸群的所在。在乾燥的灌木林原上，牠們掘根的方法製造了如許多
的灰塵，幾乎把牠們的身影都給遮蔽了。雖然灌木林原似乎已無多少營養價值可
言，但因為許多蕨類把水分儲存在根部，因而，這正是扁獸龍還在此尋覓的緣
故。

在附近的鐵蘇叢裡，一隻公的後鱷龍躺在寬大的鐵蘇葉樹蔭下，顯然很不舒服。牠嘴裡吐著濃稠的白沫，向來光滑的褐色鱗片濺著血跡和塵土。牠動了一下後腿，露出粗大的大腿肌上一道又長又深的裂痕。有辦法製造這種傷痕的，只有已經完全成年的扁獸龍的角牙。

在旱季期間，對包括後鱷龍在內的所有動物而言，食物都極難取得。不但扁獸龍這種草食動物的角很容易一刺見血，牠們的喙也強壯得足以截斷骨頭。這隻後鱷龍一定是被飢餓所驅，竟敢大膽攻擊一群扁獸龍。傷口看起來已經有好幾天了，而且有受到感染的跡象。隨著天色黯淡，後鱷龍至少可以從熱浪中得到一點紓解，但就其他方面而言，牠的處境很不樂觀。

後鱷龍是強悍的領土捍衛者。在旱季，公的和母的後鱷龍都必須巡守數平方公里的面積，以確保牠們的食物來源。母獸的領土通常比較小一點，卻保護得比公獸更嚴厲。領土戰有時非常殘暴，甚至可能造成一方的死亡。這種保護行為甚至延伸到未出生的敵手身上。無論性別，如果一隻成獸遇到一窩後鱷龍蛋，都會把大部分的蛋給吞噬，且把吃不完的毀掉。小後鱷龍通常是在密實的森林裡成長，以防與成獸直接接觸，但如果牠們誤入比較開闊的區域，成獸也會把牠們給吃掉。

一隻原先在河谷區獵食的母後鱷龍來到了灌木林原，希望能夠在扁獸龍群中撿到幾隻落單的。牠感到憂慮；因為牠知道自己已經置身他人的領土之內。牠迫近扁獸龍群，然後移步到灌木叢50公尺的深處，受傷的公後鱷龍正在那裡警戒的

（左圖）旗鼓相當：兩隻扁獸龍看著一隻後鱷龍離去。後鱷龍又快又狠，然而一旦失掉了突襲的先機，去攻擊扁獸龍反而是非常不智的舉動──這些結實的草食動物，其顏面角可以造成很深的傷口。

盯著牠。突然，母獸從晚風中察覺了公獸的氣味。母獸弓起背，露出利牙。當公獸看到這個威脅的姿態，便一跛一跛的走出鐵蘇叢，邊低吼邊搖曳著盔甲般的尾巴，等到逼近母獸，便開始用前肢向對方撒土，並凶惡的吼叫。然而母獸並不退卻。牠比受傷的公獸年輕，而且母獸的體型本來就比公獸稍微龐大一點。況且對方的後腿站不起來，再加上牠聞到對方腿上的傷，因此更加勇氣百倍。後鱷龍的後腿比前腿長很多，牠們常常在衝突的時候站立起來，露出有艷麗黃色線條的下腹，使自己看起來更加令人震懾。有時候兩方會用後腿站起來扭打，互相用爪抓鬥。

母獸直立起來揚威。而後腿沈重的傷勢使公獸無法迎接母獸的挑戰，牠試圖弓起背來威嚇入侵者，但是這場衝突顯然對牠不利。牠往後退，對方則往前進，然後，牠轉身逃跑。牠瘸得很厲害，對方追過來，從牠的後腿咬下去。在日頭最後的一線光芒中，牠崩倒在河谷上的茂密灌木裡。牠失去了領土，而且要從傷勢中復原的機會更是渺茫。牠的去日是屈指可數了。

乾 渴 的 大 地
十 一 月 ——— 旱 季 後 期

已經進入旱季八個月了。灌木林原看起來像一片煎烤的紅沙漠，死掉的蕨類枯枝散落各處。墨綠色的南洋杉因長栓狀的根能夠深入土壤吸水，在這片不毛之地顯得特別突出。雖然外表看不出來，但事實上這兒還有許多動物的生命在進行當中。原先於年初生活在綠葉間的昆蟲都已經產了卵，等待雨季來臨就會孵化出來。還有，在蕨類枯枝間的乾燥紅土上，佈滿了密密麻麻的小洞。無論氣溫昇得多高，許多穴居的無脊椎動物仍然能夠存活。蠍子、避日蛛（sun spider），和蟑螂都在夜間出來搜尋食物。牠們吃芽孢、卵，或彼此，是整個

旱季後期唯一活躍的居民代表。

　　本區多數較大的動物，都集中在日漸枯竭的水源周圍。河谷裡，不再有河水
流動；反之，河床分裂成一連串的泥塘。許多水棲動物在河水完全停止流動之前
就離開本區，沿著河流到下游的低地沼澤去了。雲般密佈的昆蟲在淤滯的泥塘上
飛舞，幾隻蓓天翼龍飛上又飛下，騰空捕食獵物。

　　塘水裡擠滿了植龍。牠們黑色的脊背在日益萎縮的泥塘裡扭來擠去。偶爾在
搶奪空間的時候，這群擁擠的爬蟲類之間就會發生爭吵。由厚重的下顎和長而層
疊的牙齒可以看出，牠們多數都是公的。顯然許多母獸都已經棄離本區，可能移

往下游，到沼澤地去坐待旱季的尾聲。但是公獸有很強的領土觀念，不願放棄家園。這也就是為什麼牠們之間的緊張度如此高漲。

一群扁獸龍的出現，使得過度擁擠的狀況更加嚴重。自從蕨類在灌木原上消失以後，獸群全靠河岸邊盛產的木賊和石松來維生。雖然幼獸現在已經長到大約有一公尺長，但處境仍然相當危險。在日頭熾豔的時候，牠們需要飲水，但是污水裡滿是植龍。一次又一次，扁獸龍幼獸跋涉過泥漿到塘邊飲水，結果卻只是進了植龍的嘴巴。

大扁獸龍的境遇則完全不同。每年的這個時節，牠們主要都在夜間進食。白天裡，牠們就在塘邊閒坐，腿和腹部浸在泥漿裡。太熱的時候，就潛進擠滿植龍的水裡涼快一下。

這是一年中唯一一段時間，有這麼高數量的扁獸龍被迫聚集一處，而這顯然

來自三疊紀時代的小鬼魅

恐龍並非在一開始出現時就稱霸地球。有數百萬年的時間，牠們只是爬蟲類動物中的一小部分。

最早的化石遺跡顯示，牠們佔據了當時動物群的百分之五而已。對研究這段時期的古生物學家而言，此時的發掘甚為稀少，這也就是為什麼艾德溫·考伯特（Edwin Colbert）1947年的發現會如此重要。考伯特在美國新墨西哥州一個碰巧叫做「鬼牧場」的地方，發現了一種名叫腔骨龍的輕巧肉食動物的遺骸。他和他的同事愈挖，發現的遺骸也愈多。原來，「鬼牧場」竟然是一個集體死亡的所在——成百副扭曲的腔骨龍骨骸互相環抱在一起。屍骸太多了，結果他們必須把石頭大塊大

塊的切割下來，直接送到博物館去進一步調查。

五十年來，科學家千辛萬苦把那些糾纏在一起的骨頭挖出來。腔骨龍是非常早期的恐龍，然而由於這次發現，我們得以取得了解牠們生活的大量資訊。腔骨龍（*Coelophysis*）的意思，就是「空虛的形式」，之所以取這樣的名字，是因為牠們的骨頭像紙一樣薄，這表示牠們一定非常輕。每個殘骸的長度從0.8到3.1公尺不等，因此，從小到老的腔骨龍的體型變化便有跡可循。有兩種很清楚的成獸體型——一種比較粗壯，一種比較細瘦。這兩者可能代表著女和男，雖然我們無法絕對確定，但是很多人相信，女性有比較粗大的骨骼，因為牠們負有產卵之責。

也易於引發他們交配的行為。這種事情的第一個徵兆，就是公獸之間的緊張關係提高了。各頭公獸的大小差異極大，最老的公獸可以達到2噸重，身長可以遠超過3公尺。比較年輕的公獸會照樣耀武揚威參與競爭，但是牠們通常不是對手。在張揚一己勢力的時候，公獸站立著大嘴敞張，誇顯牠們的角牙，並且在自身周圍撒一大堆糞便。由於公獸間大小的差異如此之大，通常很少會見到兩隻旗鼓相當的公獸彼此較勁。可是一旦有這樣的情況發生，牠們的顏面角往往會造成很嚴重的傷害。

能夠以強烈氣味的糞便攻佔大塊區域的公獸，通常較易吸引到角牙較小的母獸。一旦選上對象，母獸就任由公獸引誘推擠進河裡僅存的水域，然後公獸騎上母獸，往往會把母獸整個壓進水裡。而這一切就在擁擠的植龍面前進行，植龍則毫不在意。

（下頁圖）危險的水源：到了旱季晚期，原先獨來獨往的腔骨龍開始在最後的水源地成群結黨。這些饑餓的小肉食動物的集體出現，使其他動物無法到此地來飲水。

鬼牧場挖出的28塊骨頭之一。每塊骨頭都包含了一個纖弱的恐龍骨骼的複雜網路。為了把這些薄餅厚度的骨頭清理並從石頭裡取出，有時得花上科學家好幾十年。

自1947年開始，新墨西哥州的鬼牧場出土了成百隻的腔骨龍骨骸，成為世界上成果最豐富的恐龍發掘之一。

「鬼牧場」的遺跡保存得非常好，科學家甚至可以藉之一窺恐龍初初出現時，三疊紀世界的模樣。腔骨龍的骨骸是在一個老河床的沙岩和泥岩裡發現，和骨骸埋在一起的，還有魚、蛤蜊、類似鱷魚的小植龍，和螯蝦的屍骨。其中任何一種都可能是腔骨龍的獵物。

此處，也給「鬼牧場」的存在最大的一個問題——為什麼這些恐龍會全部死在一起？——提供了一些線索。或許這是經過陳年累月屍骨積存的結果，但是艾德溫·考伯特相信，這應該是一次集體死亡，而且其肇事者曾留下印記。那些岩石裡，有泥塊乾裂和螯蝦洞穴的痕跡（這是只有在氣候十分乾燥的情況下才會發生的），而且有些骨骸的頸部彎曲，是動物被太陽曬乾的跡象。考伯特相信，這些腔骨龍在死前，全都被日漸乾涸的水源吸引而來到此地。然後，在還沒有被嗜食腐肉的獵手拆散之前，一陣突來的洪水把牠們全部埋進泥漿裡，就這樣將牠們保存了數百萬年。

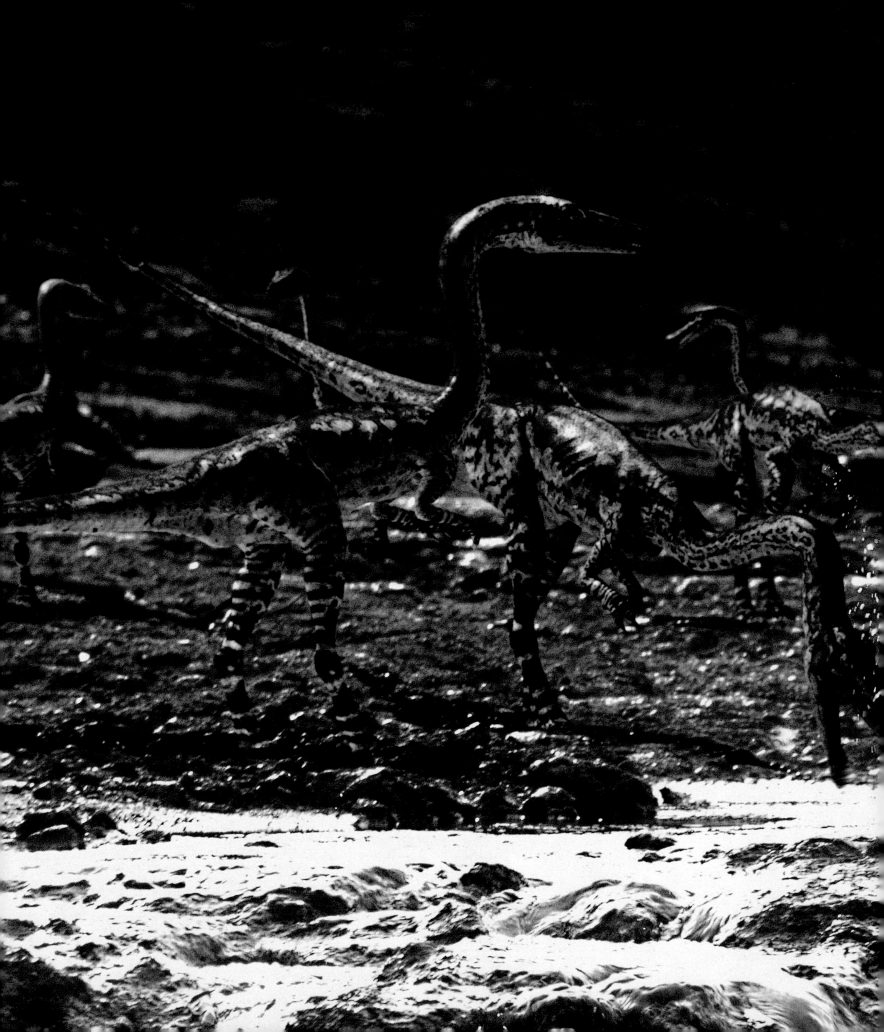

在扁獸龍交配期間，河邊樹林裡的腔骨龍愈來愈多。正常情況下，這些小恐龍要不是單獨出獵，就是成小集團行動。然而在旱季的高峰，牠們卻是數百隻組成一群，也只有在這個時候，數目眾多才會有好處。就在數目增加的同時，牠們的行為也開始有了微妙的轉變。雖然個體之間總免不了發生衝突，但整個群體卻逐漸開始互相配合，大家集體行動，一起狩獵。牠們對小型的獵物失去了興趣，反而開始追逐大型的動物。因此，很奇異的，河岸上的小扁獸龍反而安全，可是如果某隻大公獸受了重傷，就會成為被獵食的對象。在旱季後期極度缺乏食物的狀況下，這樣做是有道理的。如果所有的腔骨龍都繼續攻擊較小的獵物，競爭就

死亡的面具：後鱷龍滿嘴長而鋸齒狀的牙齒，是三疊紀時期最令人膽顫的武器。然而傷口受了感染，加上營養不良的這頭公後鱷龍，卻無法抵擋一群腔骨龍的攻擊。

會變得十分激烈，牠們也會因為爭奪食物而死傷慘重。然而如果集體合作來獵捕較大的動物，就開發了一項新的食物來源，而且一次殺戮之後，通常都會有足以讓大家都飽足的肉量。

午後蒸騰的熱氣裡，一陣烤爐般熾熱的風在河谷中吹起。一片寬廣的河灘上，乾涸的蛤蜊床表示此處曾是一片寬大的聚水平原。此時，該處表面已經被扁獸龍群踩得平整，風也把枯黃的蕨類枝莖捲成一團團。平原的中央坐著一隻受傷的公後鱷龍。牠就是幾週前被趕出灌木林原的同一隻後鱷龍。牠不但飢餓，而且口渴難忍，而使牠後腿失去行動力的傷口感染，如今也造成牠的視力逐漸模糊。

然而，牠仍能意識到有一隻腔骨龍正站在眼前。小恐龍跳過來跳過去，抖一抖頭部，視線不離這頭老掠食者。後鱷龍張張下顎做為威脅，但是腔骨龍不為所動。又有更多腔骨龍從樹林裡跑出來。很快的，就有40到50隻腔骨龍圍繞著後鱷龍，興奮的又吼又嚷。這頭大掠食獸用前肢拖動身體，試圖對付騷擾者，卻徒勞無功。牠無法動彈的尾巴和臀部讓腔骨龍討了便宜；牠們開始進攻啃咬。忽然間，後鱷龍向前衝，逮到一隻母腔骨龍的腳。牠用前爪釘住母腔骨龍，一口就咬斷對方的頸子。當後鱷龍再度拖動身體以防禦自己的肩部時，幾隻腔骨龍把受創的母龍拖開，開始大吃起來。這群腔骨龍正餓得慌，只要是有血的都可以下肚。

後鱷龍背部和尾部的堅固盔甲，讓腔骨龍花了很多力氣仍然效果不彰。但是，最後，牠們逮著了牠比較柔軟的下腹，牠開始流出血來。等牠漸漸失去了移動的能力，這群腔骨龍便爬上牠的背部，大嚼大吃起來。以牠們長長的口鼻，腔骨龍能夠把頭深深的鑽進後鱷龍的甲殼，把這頭一身盔甲的動物從裡吃到外。接下來的幾天，牠們會把這副屍骸吃得乾乾淨淨，用鋸狀的利齒切割最韌的皮，用可以啃咬的前牙把骨頭和鱗甲都啃乾淨。後鱷龍的屍體足以供養牠們兩星期綽綽有餘。

焦 旱 的 曠 野
一 月 ─── 雨 水 遲 來

在這樣一個十分平衡的生態系統裡，即使雨水僅是短期延宕，也會對居民造成嚴重的考驗。旱季已經持續九個月了，雨季應該在兩週前就開始，但到現在還沒有一點要下雨的跡象。自從老後鱷龍死亡，迄今已經六個禮拜，如今骨骸已經被太陽曝曬得慘白。除了少數地底的昆蟲和蜘蛛，灌木林原一片空曠。山谷裡已經沒有停滯的河水──河流已經消失了。河塘蒸發了，曾經環繞此處的軟涼泥漿都被烤得像岩石一樣堅硬。許多河塘中央有無數腐爛的植龍屍體，這些大多是即便周圍的水已經日漸乾枯，卻仍要死守領土的大隻公獸。沿著昔日河岸的泥土，可以看見一個個的大洞，是逃避乾旱的植龍所挖掘的，牠們多半是懷有下一季的蛋的母植龍，可以在洞穴裡躲藏幾個星期，但這也只是暫時的對策──牠們遲早還是會需要食物和水。

植龍並不是唯一大量消失的動物。這個地區也沒有扁獸龍了，一部份獸群跋涉長途去北邊的沿海沼澤，但是在這個過程當中，乾旱也剝奪了成百的性命。乾河床裡遍佈牠們的屍骨，巨大帶角的頭骨被曬得發白。扁獸龍是在乾旱的蕨類林原裡求生的專家，但這也表示牠們極端仰賴雨季的降臨。數百萬年來的演化，使牠們成為一種在每年雨季規則降臨的環境裡蓬勃生長的動物，但是全球性的氣候改變，使這些環境因素變得愈來愈不可預料。即使是一個短暫的乾旱，也可能把已經為數漸少的獸群，從整個區域中淘汰盡淨。一隻母鞭蠍（whip scorpion）在一個老扁獸龍的頭骨裡下了蛋，牠站在眼窟窿的入口處防衛入侵者。一個黑影掠過，牠舉起有力的鉗子待戰。黑影是一隻腔骨龍，這對鞭蠍而言很不幸，腔骨龍正在找下一餐，鞭蠍正

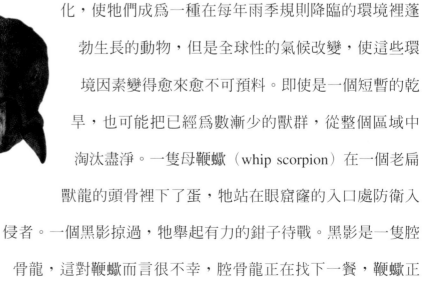

同類相食的恐龍

新墨西哥州的「鬼牧場」發掘了成百隻的腔骨龍骨骸,而其中有兩隻大的成年腔骨龍尤其令人感興趣。在牠們的體腔內,擠著一堆小腔骨龍的骨骸。起初有人假設這可能是胎兒,但這些骨頭零亂不整,且若是屬於未出生的動物,又好像太大、發育太完整了。現今一般都同意,這是大腔骨龍最後一頓飯所留下來的證據。

就今天的動物而言,同類相食並非罕見;已經有138種不同的族類有這樣的紀錄。當公獅接掌他族時,就會把所有的小獅都吃掉,克莫多蜥蜴(Komodo lizard)把蛋和剛孵化出來的小蜥蜴都當做是獵物,而許多小哺乳類動物會在有壓力的時候吃掉嬰兒。有些研究認為,同類相食在某些族類裡是如此天生自然,因此必須有某種化學分泌的壓抑,

才能夠撫養自己的下一代。但是恐龍胃部內容物的化石非常罕見;或許更令人驚訝的是,僅存的少數例子,竟然是同類相食的證據。

與其說這些恐龍經常吃自己的同類,倒不如說,這是乾旱造成腔骨龍在「鬼牧場」集體死亡的進一步證據。現今的成年鱷魚,會隨時吃掉比較幼小的鱷魚,因此之故,幼小的鱷魚通常都在遠離牠們父母的地方成長。但是在發生危機的時候,例如乾旱時,各種年齡和大

在這隻腔骨龍肋骨下,清晰可見的一小堆骨頭,竟是被牠吃掉的一隻小腔骨龍的殘破骨骸。

小的鱷魚就會被迫在近距離聚居,此時,同類相食的情形就變得比較常見。這可能也就是當年「鬼牧場」所發生的現象,因為受到三疊紀乾旱的影響,大腔骨龍便轉而以弱小的同類為食。

好可以當牠的佳餚。

恐龍攻擊鞭蠍,後者避入頭骨裡。正當腔骨龍追殺時,一陣酸液灑上牠的臉。恐龍向後跳,猛抓口鼻,牠的鼻孔被鞭蠍的防禦武器炙痛了。牠憤怒的吼叫,但馬上又回到頭骨邊,把臉伸得更深,去抓那隻頑固的蠍子。牠的努力只得到另一波酸液的回報。恐龍退出來,把口鼻在土裡面猛擦。牠從來沒有見過鞭蠍,否則大概也不會花這種力氣,但是牠不放棄,終於把蠍子給挖出來了,牠用牙齒將之碎屍萬段。最後,只剩下曾經向牠一再噴灑酸液、現在卻因惡臭而被棄之不食的蠍腹,這頓飯真是不值得。

雖然乾旱,腔骨龍的數目仍然相當高。牠們多的是垂死的扁獸龍和植龍可

染紅的牙齒和指爪：一隻成年腔骨龍正要吞食一隻牠自己的族類。當這些恐龍開始在日漸乾涸的水源地聚集時，同類相食的情況便變得日益普遍。

吃，有時甚至還去挖掘藏在土裡的肺魚。但是多元的飲食習慣並不是幫助牠們存活的唯一原因。腔骨龍特別能夠適應乾旱的環境。大多數動物需要很多水份，不只是為了營養，也因為水會幫助牠們排泄像氨之類的有毒氮廢物。但是在乾旱的時候，把大量水份以尿的形式排出來是一種浪費。和所有的恐龍一樣，腔骨龍發展出一種能力，可以把牠們的氮廢物轉變成一種稱為尿酸（uricacid）的化合物，尿酸比較不具毒性，而且必須用來將之排泄出來的水比較少。

然而，又是一個乾燥無風的日子破曉了，仍然沒有下雨的跡象。一小群腔骨龍沿舊日河床而下，然後分頭打獵，有兩隻為了一隻破碎的蜈蚣在吵架。河岸下面一點，一隻孤單、尚未成長的腔骨龍躲在一叢蘇鐵底下。腔骨龍群愈來愈靠近了，小腔骨龍知道牠身處險境。就算在比較不艱難的時局，大腔骨龍照樣會吃比較小的同類。突然，小腔骨龍發慌奔逃。馬上就有兩隻大腔骨龍跟上來。領頭的出手襲擊，逮住小恐龍的尾巴把牠甩上天。一著地，小恐龍立即試圖站立，但是長者迅速咬住牠的頸子。小腔骨龍癱軟了，第二頭大腔骨龍立即湊過來要吃。現在，殺手必須跑到樹叢裡去躲，以免牠的獵物被其他同伴搶走。幾頭同類緊追著牠——牠必須經過一番纏鬥才能保住所獲。

通常每年到了這個時候，腔骨龍群應該是在雨季降臨之前就脫離了發情期。這時候，母獸似乎反而變得比較獨來獨往，但是公獸依舊成群結黨。幾頭交配成功的母獸將等到雨水降臨以後才下蛋。如果乾旱期很長，牠們有辦法遏止體內蛋的成長頗長一段時間，等到雨來了，才再讓成長過程重新開始。沒有交配的母獸則可能成為公獸群起攻擊的對象，在這種情況下，前者常常會被傷得極為嚴重。除非是有助於淘汰弱者，否則我們很難了解這種行為在演化上的長處。

生 命 之 水
二 月 —— 旱 季 結 束

距上次下雨三百零六天之後，風轉向了，開始從南方吹拂過來。濕氣漸漸凝聚，大塊的黑雲集結在摩各永高原上方。雲很快就遮住太陽，閃電出現在遠方的地平線上。風愈來愈強，轉成每小時150公里的速度，吹斷乾枯的植物，揚起巨大的沙塵暴。幾顆大雨點為傾盆大雨揭開序幕，僅僅數分鐘之內，水便開始流下每一條乾涸的溝渠或小溪。半小時之後，一大股從高原上集結了份量和氣勢的淤泥和水流衝下河床。沒有幾頭腔骨龍來得及躲避，成百的獸隻被沖往下游，埋進低地成噸的淤泥裡。有些植龍也遭到淤泥掩埋。但是大部分都在雨開始下時，就從牠們的藏身處爬出來，而且，這些游泳高手有辦法在強大的水勢中生存。

在高高的河岸上，一對犬齒龍造了一座新的窩穴。要進入洞內，只能透過一根懸空的樹根，而且雖然河水漲到入口邊緣，但洞穴的位置很高，不至於有危險。雖然附近有大群的腔骨龍，但犬齒龍並沒有被發現，這對夫婦又開始孵育下一代了。在粗糙的窩巢裡，母獸已經環抱著三顆小小的蛋。三天後，雨停了，公獸便再度出外獵食。

十五分鐘後，公獸回到洞穴，嘴裡含著一隻瘦小的爬蟲類。這是一隻小腔骨龍，可能是雨季剛開始時為數最多的可獵物。然而，兩隻犬齒龍需要好幾隻這種小動物，才足以飽足胃口，因此公獸再度出獵。

在接下來的數星期內，河谷裡充滿了生命。藏根在紅土深處的木賊和蕨類又出現了，昆蟲和甲殼類在新鮮的水裡產卵，製造了豐富的食物，吸引魚群從低地沼澤游上來。

唯一沒有恢復舊日豐盛數量的，是扁獸龍。一群為數甚小的獸群在灌木林原重新開始，但比起過去根本微不足道。同時，另有一群草食動物則利用機會增加了數量。

在河谷中，一陣枝椏被壓碎的聲音，預告著一群板龍（Plateosaurus）的降臨。很難相信的是，這些動物竟是腔骨龍的親戚。板龍有長長的尾巴，以挺直的姿態走路，有時四腳著地，但更多時候只用兩隻後腿。總之，牠們與腔骨龍的相似之處僅到此為止。有些成年的板龍身長可達9公尺，體重可達4噸。到目前為止，這是陸地上最大的動物。板龍長頸的末端，是一顆窄小的頭，嘴裡長滿了鋸齒狀的牙齒，特別擅長囓咬堅韌的植物。由於板龍的大體型和高度，所以從低矮的蕨類到離地4公尺高的樹枝都吃得到。牠們還有強壯會攫物的手，很輕易就可以把樹枝拉下來吃。板龍的大體型還有一個長處：食物在牠們體內停留的時間比其他動物久，這讓牠們能夠從食物中吸取更多的營養。

板龍天生就適合依賴盤古大陸的植物維生。在整個三疊紀時期，針葉植物成為陸地上最常見的樹林和灌木。針葉植物的葉子很硬，經常甚毒，而且許多品種對既有的爬蟲類（例如扁獸龍）而言，都太高了，牠們吃不到。

但是現在的恐龍沒有問題。板龍可以碰觸到過去大型動物從來觸不到的樹枝，而且牠們碩大的胃，可以消化最堅硬的植物。即使高於4公尺的樹也逃不過——如果想吃搆不到的樹葉，板龍往往會把整棵樹都扳倒，以滿足胃口。

眼前這群板龍大約有20頭成獸和半成獸，牠們所經之處樹倒林毀，把許多在地的動物都嚇跑了。正當一隻成年的母板龍踏著笨重的步伐走出灌木林時，一群腔骨龍也沿著河岸奔逃。母板龍的體型和前臂的長爪，使腔骨龍不敢前來招惹。

> 板龍可以碰觸到過去大型動物從來觸不到的樹枝，而且牠們碩大的胃，可以消化最堅硬的植物。

（左頁圖）三疊紀巨龍：兩隻成年板龍一路踐踏南洋杉而過。這些溫和的草食動物是當時地球上最大的陸生動物，光是憑著超過4噸的體型，就足以讓牠們所向無敵。

即使對方成群結隊，板龍也不爲所懼。母板龍涉水過河，其他板龍緊跟於後。牠們敏感的鼻子聞到蘇鐵樹果實成熟的味道，趁這種營養的果實落地之前就從樹端採食，正是牠們的專長，而這樣也剝奪了那些在地面採食的動物（尤其是扁獸龍）的權益。

太陽西沈，河邊唯一還看得見的動物，除了植龍，就是板龍和幾隻憂懼的腔

骨龍。這種景象在盤古大陸上隨處可見。恐龍稱霸大地了。過去四、五百萬年來，恐龍的數目和種類都在穩定的增長，而且板龍的出現，顯示恐龍的身軀也變得愈來愈大了。其輕骨構造和挺直的步態，正好適合陸上生活，這繼續成為牠們在三疊紀原野生存的極大優勢。

新世界的秩序：後鱷龍碰到了對手，一隻巨大的板龍把牠從河邊驅離。和許多其他種類的恐龍一樣，板龍群在高原上愈來愈普遍。

巨龍
時代

2

一

億五千五百萬年前的地球。這是侏儸紀晚期，此時恐龍已經稱霸地球約莫六千萬年了。盤古大陸開始分裂，古地中海開始把這片大地分成兩半—即北邊的勞亞（Laurasia）和南邊的岡瓦納（Gondwana）。雖然赤道附近依然是季節性乾旱的氣候，但兩片大陸靠兩極之處卻潮濕許多，使得高大的針葉林更為擴大，延伸達數千公里。在這些森林裡面，林木密集的下層住著種類紛繁的小型恐龍和翼龍。新品種的昆蟲出現了，還有新的兩棲動物，包括蛙類和蠑螈。哺乳類演化出全身毛髮和胎生，但是種類並不多，而且多半是小型食蟲動物。

然而，比較潮濕的侏儸紀大陸並非全被森林所佔據。此時還有另外一種力量在運作，一種使得大樹無法生長、而大片矮灌木林地得以維持的外在力量。侏儸紀的特色，就是巨大的蜥腳類

平原生活：一群梁龍經過一隻單獨的公劍龍身邊。梁龍群站在一片南洋杉樹林裡，無數蜥腳類動物破壞性的採食方法，使樹林變成如此空曠的模樣。

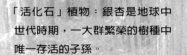

（sauropods），這就是史上最大恐龍的全稱。牠們常以30隻或更多

為一群，遍佈勞亞古陸和岡瓦納古陸的平原，凡可觸及的植物若

不被吞食入肚，也遭到踐踏推毀。在地球長遠的歷史以來，這是

第一次，動物對環境有如此深遠的影響。

　　這些巨大的食草機器一旦完全成長，體重可以

超過70噸，從尾巴末端到口鼻頂部的長度可達

45公尺。而這所有驚人的身高和體重，卻是由

藏在一顆不比標準足球大的蛋裡的小胚胎開始

的。

「活化石」植物：銀杏是地球中世代時期，一大群繁榮的樹種中唯一存活的子孫。

恐 龍 大 勝

在三疊紀和侏儸紀之間，曾有過一次重大的滅絕。我們仍不知道是什麼造成這麼多陸上和海中動物的死亡，但是許多古生物學家相信，這是恐龍演化的一個關鍵時刻。雖然恐龍在三疊紀晚期就已經相當活躍，但到侏儸紀早期，他們更可說是稱霸了陸地的每一個角落。經過三疊紀滅絕後，雖然氣候、陸塊，和植物都逐漸改變，恐龍卻能保持最頂尖的地位。

這個時期代表一個轉變期。在侏儸紀早期，全球的氣候仍然多半乾燥，前蜥腳類（prosauropods）是最常見的草食動物。但是隨著時間的進展，世界變得愈來愈潮濕，特別是在緯度較高的地區，然後是巨大的蜥腳類（sauropod）恐龍稱霸地球。蜥腳類全部都是大型的四腳草食動物，有長長的頸子和尾巴，顯然侏儸紀晚期的世界有一些條件很適合牠們。雖然盤古大地逐漸在分裂，但仍還有很多龐大的陸塊，其結果，就是全球的動物和植物仍維持著相當大的雷同。然而，也就在這段期間，某些地方特色的徵兆開始出現了——中國發展出一群特殊的動物，北邊和南邊的植物相也開始不一樣。

在逐步潮濕的氣候中，蕨類和針葉類

兩棲動物幾乎在四億年前就已經演化出來了，但是具有獨特後肢的蛙以及蠑螈均為很先進的形式，都要到中世代才出現。

佔據了大半的陸地，茂密的森林也發展出來。在比較高緯度的北邊地區，紅木杉和銀杏長得最好；在南邊則是以羅漢松最為繁盛。赤道地區仍然繼續著乾燥和季節性

盤古大陸　　　古地中海

侏儸紀的大半時期，盤古大陸從北到南兩極之間的大陸塊，幾乎一直都維持完整，但是到了接近末期時，巨大的裂痕開始出現。尤其是北美洲開始往西北方旋轉，遠離非洲。促成這個緩慢轉移的動力，來自地表下深層的運動，逐漸造成了一個愈來愈寬的大西洋，即使到了今天，這個運動仍在持續進行。古地中海的西翼往內陸伸進盤古大陸的海岸線，陸塊移動使它的海水進一步擴散，把龐大的大陸分成南北兩塊。然而在這整個時期，全球的植物和動物仍顯現出極大的相似性。種類區分和地方色彩的增加，是白堊紀才有的特點。

的氣候。至於植物，本內蘇鐵代表了一群不同型態的植物，雖然它們從來沒有變成高大的樹木，但卻是極為常見的低矮灌木，其中最特出的品種，或許就是粗短桶狀的古蘇鐵科（*Cycadeoidea*），圓鼓鼓的莖，內部軟而多肉，但外面包著一層堅韌的死葉葉殼，一圈蘇鐵狀的葉子長在頂端，莖頂周圍則有像花一樣的容器供昆蟲傳授花粉。等到白堊紀晚期，開花植物出現以後，這群植物就絕種了。

侏儸紀時期演化出許多至今仍然存在的動物。三種最大的昆蟲目——甲蟲、蜂、和蠅——首先出現，而蛙、蠑螈、水螈和蜥蜴也可以追溯到這個時期。似哺乳的犬齒龍繼續生存到侏儸紀早期，但到了晚期，大部分的哺乳類都是小型有毛的食蟲動物。很可能牠們也吃植物，以擴大取得食物的範圍。三疊紀大滅絕害死了所有的植龍，取而代之的，是各種不同品種的鱷魚——不只是住在淡水裡的，還有住在陸上和海中的。在所有的新動物群當中，最傑出的，可能要算鳥類。我們所知最早的鳥始祖鳥（*Archaeopteryx*）出現在侏儸紀的晚期，可是已經具備了羽毛和翅膀。

此時的天空屬於翼龍，這是一群產生了無數怪異品種的動物。在其下方的恐龍也大幅分化，而且變得巨大許多。腔骨龍的後代變成了強大的掠食者，但是一群即將在白堊紀殺手中稱雄的新肉食動物也出現了。這些健肌龍（tetanurans）不但是鳥和巨大的異特龍的前身，也是後來的盜龍，甚至威猛暴龍的祖先。這些掠食者必須很高明，因為獵物變得愈來愈難攻擊。有盔甲的恐龍在侏儸紀中演化出來，劍龍

類似這種巨型草蛉的昆蟲，都要學習如何在翼龍和鳥類的獵捕下求生。從出土的化石草蛉發現，其羽翼上有眼珠圖案，可能是用來岔開攻擊者的注意力。

就是如此，他們用一連串致命的脊骨武裝來保衛自己。此外，當然還有蜥腳類，變成了龐然大物。

雖然所有的蜥腳類恐龍形狀都很類似，但彼此細節仍有不同。腕龍、梁龍、迷惑龍（*Apatosaurus*，譯註：即雷龍〔*Brontosaurus*〕），和圓頂龍（*Camarasaurus*）各自有不同的採食習慣，而且似乎可以頗隨和的在侏儸紀平原上共存。他們對環境的影響一定非常的巨大：其形塑週遭草木的力量，一定就和今天的大象一樣。

在海中，大型的爬蟲類蓬勃起來。魚龍的種類比較減少，然而蛇頸龍（plesiosaurs）則愈來愈多。一般說來，侏儸紀的海洋生物發生了極大的改變，但這一點將在第3章進一步討論。

在這段時期，針葉樹是最常見的樹。紅木杉是早期的樹種之一，類似於這些加州紅木杉的品種，在當時可以長到十分高大，甚至連蜥腳類動物都相形見絀。

這個變成化石的毬果幾乎和現代品種所產生的一模一樣。許多成熟的針葉樹會發展出適應手段，在最上方的樹枝上結出毬果，以避免恐龍採食。

樹林裡的寶寶

第 一 年 ── 在 森 林 裡

勞亞古陸西邊的廣大平原上，日正東升，一陣陣恐龍的呼叫和低鳴隨之而起。這裡曾經是一片名為日舞海（Sundance Sea）的古老淺海海床，該海洋曾經向北綿延數百公里，現在則是一片乾涸，低矮的、攀藤的、種子的等各式蕨類掩蓋了平原。四處零星孤立著銀杏樹叢、針葉林，和蘇鐵叢，尤其是在靠近季節性河流的岸邊。

體型大小很重要

侏儸紀大部分時期的化石證據都相當薄弱，但在美國、坦尚尼亞，和中國，有一些非常好的、接近晚期的發掘。本章大部分的動物，是取自美國的「莫里森岩層系統」（Morrison Formation），這是全世界被研究最多的化石群之一。本章所顯示的，是侏儸紀晚期的典型動物群。草食類恐龍以巨大的蜥腳類為多數，此外還有帶盔甲的各種劍龍品種。除了各種的小型肉食動物，一些巨形的掠食者也演化出來，可能是要對付周圍那些龐大的獵物。單只為了體型的理由，大多數恐龍應該都是生活在寬大開闊的平原上。至於茂密的森林繁衍區，應該是存在著一套完全不同的動物相（fauna）。

梁龍

蜥腳類裡身體最長的，但比起其他某些種類，體重仍算是輕量級。牠們的長度驚人，主要因為有一條超長、類似鞭子的尾巴。以20隻以上的群居方式生活，群體中只包含成獸和半成獸。背上有大片厚重的鱗甲，脊刺沿著與身體等長的背脊生長。

證據：以五副無頭骨的骨骸和幾副附帶零星骨骸的頭骨為研究基礎。從懷俄明州和科羅拉多州的莫理森岩層中，已經指認出四個品種。

大小：可達30公尺長、20噸重，臀部高度5公尺。然而也有高達45公尺長、30噸重的更大的梁龍骨頭出土。在本章中，這是被用來當做描述較老梁龍的基礎。

食物：應該是選擇可以用牠們樁釘似的牙齒撕扯的植物。因為牠們多半向低處採食，故蕨類應佔其食物的大部分。

時間：一億四千五百萬至一億五千五百萬年前。

腕龍

蜥腳類中真正的巨無霸，不是因為長度或甚至高度，雖然這兩者也很驚人，而是因為其整體重量。和長頸鹿一樣，牠們習慣採食高的植物，有緊密可撕咬的牙齒來咬取食物。

證據：雖然猶他州和科羅拉多州的莫里森岩層有兩副不完整的骨骸，但最著名的發現，則是出土於坦尚尼亞的田大古魯河床（Tendaguru Beds）。

大小：約23公尺長，但重達70噸，可以採擷約達13公尺高的植物。肩高大約 6 公尺。

食物：可能和梁龍一樣不挑食，但大概傾向於選擇針葉和果實。

時間：一億五千萬至一億六千萬年前。

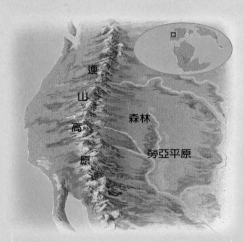

在侏儸紀晚期，北美洲西部大半是寬闊開放的平原，是日舞海消退所留下來的。最遠的西邊是連山高原，後來被落磯山脈所去除。

連山高原　森林　勞亞平原

在這些植物中，最顯眼的就是一群群蜥腳類，這些長頸恐龍已經稱霸侏儸紀景觀數百萬年了。雖然所有蜥腳類看起來都很像，但是其食草習性多少有些差異，這使得許多不同的族群，能夠在平原上肩並肩的共同生存。跟隨著這些獸群，隨時覬覦其中病弱者的，則是譬如異特龍（Allosaurus）這種又龐大又強壯的掠食者，牠們專門獵殺蜥腳類的大動物。

在這種空曠的原野，恐龍的成功和壯觀顯而易見，但是牠們還有另外的一

劍龍

巨大的草食動物，沿背部長著極突出的骨板，可能在須要示威的時候會充血。主要的防衛武器是尾巴末端四根可怕的尖刺。
證據：最大長度大約13公尺，重約 7 噸。臀部的高度（包括骨板）約7公尺。
食物：食用低矮植物，但是強壯的喙，連最堅韌的植物也有辦法吃。
時間：一億四千五百萬至一億六千萬年前。

異特龍

侏儸紀時期的獅子，莫里森岩層所出土中最大、最常見的肉食動物。是手臂末端具有長而鉤狀指爪的快速獵手，應該常常攻擊蜥腳類。
證據：在莫里森岩層各處，從懷俄明州到新墨西哥州，發現了超過60副完整和零星的骨骸。
大小：可達12公尺長，體重約3噸。
食物：肉類，而且食量很大。
時間：一億四千五百萬至一億五千萬年前。

嗜鳥龍

體小而活躍的肉食動物，有十分長而可以攫物的手，但是頭小，牙齒圓錐狀。通常吃小動物和腐屍，適合在茂密的植物林中狩獵。
證據：在懷俄明州的莫里森岩層發現一個頭骨和相關的骨骸。
大小：約 2 公尺長，體重約40公斤。

食物：小型哺乳類、蜥蜴、和昆蟲，但嗜鳥龍也是投機的獵手，吃腐臭的屍肉。
時間：一億四千五百萬至一億五千五百萬年前。

無齒龍

一種小翼龍，有著短短的頭，和可以捕捉昆蟲的扣針般牙齒。雖屬長尾型翼龍種，尾巴卻相當短，便於更機動的獵捕食物。
證據：只發現了一具骨骸—德國南部在巴伐利亞的松禾芬（Solnhofen）石灰岩中。為便利本章敘述，其地點被往西移。
大小：雖然張開兩翼長達50公分，身體卻只有 9 公分長。體重應該只有幾公克。
食物：各種昆蟲，然而如蜻蜓之類對牠而言恐怕太大了。
時間：一億四千五百萬至一億五千五百萬年前。

面。在平原的邊緣，地勢向連山高原（Cordilleran Highlands）爬升，更加繁茂的銀杏與針葉樹成爲多數植物。昆蟲、哺乳類，和兩棲類在此蓬勃生長，比較小型的草食恐龍也居住於此。牠們很少超過2公尺長，通常屬動作快速的兩足動物，多半依靠森林下層的新生植物維生。這裡少見大型的掠食者——要在如此茂密的林木中獵食很困難。在這裡要靠速度和靈敏，而不是力氣。

在森林邊緣，晨光映出一隻高貴的嗜鳥龍（Ornitholestes），經過一夜睡眠，牠正在打理自己的鱗毛。這是一頭小恐龍，只有大約2.5公尺長，其中尾部又佔了大部分。牠是饞嘴的掠食者，有顆相當小的頭，滿口圓錐形的牙齒，通常在森

冷眼殺手：這隻正在展示鱗毛的母嗜鳥龍，是連山森林常見的掠食者。牠只有大約2公尺長，多半以捕食哺乳類和蜥蜴維生，但是有時候也會對恐龍寶寶造成威脅。

林深處的蕨類叢中，獵食小蜥蜴和哺乳類。牠最令人注目的，就是身上裝飾性的鱗甲。從頭後部往下到背部，這些鱗片變得又長又細，讓牠能夠在必要的時候撐張起來威嚇敵人。這個技巧主要是用來對付較大的掠食者，好讓牠自己看起來比較凶惡，但有時也被用來吸引潛在的交配對象。

牠站在一棵倒塌的大樹幹上，嗅著空氣，陽光從70公尺高天篷似的林葉間透射下來，牠頭上鮮藍色的裝飾鱗甲在光照下閃爍。森林邊緣是一個危險的地方——比較大的平原掠食者很容易就可以看到牠。然而，經驗和嗅覺告訴牠，將有一場大餐可期。牠沿著樹幹跳進陰影裡等待，把那雙有長爪的矯健手臂插在身體兩旁。

嗜鳥龍底下的那片林地幾乎完全光禿。六個月前，附近的河水淹過森林邊緣，帶來了成噸的淤泥。已經長成的紅木杉毫無損傷，根部很快就從緊窒的泥巴裡推擠出來。但是要等到所有下層的植物都恢復舊觀，則還要好一陣子。嗜鳥龍充滿期待的盯著這塊看起來似乎不毛的土地。

突然，在一片大空地的中央，落在淤泥上方那層薄薄的紅木杉枯葉開始有了動靜　起初只是一個小點，但是很快的，好幾個地點都在蠕動。一群小動物正掙扎著要鑽出地面。最後，牠們身上的刺針和連接細頸的頭伸上來，呼吸了第一口清新的空氣。這正是嗜鳥龍在等待的。牠跳下樹幹，撲向倒霉的小動物，爪子一伸　住獵物的頭部。使力一拖，就把小動物從地底整個拖出來。

是一隻剛從蛋裡孵出來的小梁龍（Diplodocus），牠的父母是蜥腳類裡最長、最優雅的一種。即使新生的頸子和尾巴都還相當短，牠的身長卻也已經達到一公尺。牠綠色和褐色斑駁的身體上還黏著蛋膜，但是求生的掙扎已經結束了。牠完全無力自衛，嗜鳥龍在牠頸上一咬，就立即讓牠斷了命。

但是小梁龍的犧牲，正是讓其族類求生的一種手段。正當小掠食者開始啃食

牠的小梁龍大餐時，犧牲者的其他同伴，也正從空地各處一一鑽出土來。很快的，就會有將近100隻小梁龍佈滿這塊林地。這一大票大餐，就算有超過一打的嗜鳥龍也消受不了。即使有更多的肉食動物聞香而來，沿著森林邊緣各處梁龍蛋的同步孵化，將可保證掠食者的數目一定遠不及小梁龍的總數。同在這一天，將會有接近2000隻的小梁龍鑽出地面，雖然每一隻都毫無抵禦能力，但是當地的掠食者，大概也只能掠奪全數的四分之一而已。

　　三個月以前，一群梁龍在此地下蛋。梁龍多半在平原覓食，但卻在森林的邊緣地區產卵。近期發生的洪水，使該地成為理想的產卵所在。每一隻大母梁龍給自己找好一處合適的空地，就產下大約一百顆左右又大又圓的硬殼蛋，然後丟下

那些蛋，隨著獸群離開。

　　小恐龍在蛋裡面生長，直到沒有空間爲止，牠們在蛋裡面必須彎曲頸部和尾部，以適應狹小的空間。到孵化時間完成時，牠們必須鑽出大約1公尺厚的軟泥，以獲得自由。很不幸，牠們不是天生穴居的動物，因此很多在這生命的第一關就失敗了。有時候，如果蛋窩所在地的泥土乾掉了，那麼整窩的蛋就都會完蛋——因此，母龍對地點的選擇非常重要。小梁龍一旦鑽出地面，就必須尋找一個更安全的環境。牠們短小醜陋的腿跑不快，而且空地上無所遮蔽。幸好牠們天生就有尋求掩護的本能，再加上有往上坡跑的偏好，這通常就足以保證牠們能移往森林裡比較茂密的地方。此時牠們的胃裡還有卵黃，卵黃所提供的營養，足以支

逃進危境：對梁龍寶寶而言，從母親產下牠們的洞裡挖出去是非常消耗體力的。許多剛孵化出來的雛獸坐在空地上恢復精神。然而，這對牠們來說很危險——周圍有很多饑餓的嗜鳥龍正在尋找一頓省力餐。

撐牠們旅行好幾天，讓牠們更加深入高原的森林，直到找到一個安全的所在。最後，牠們會在茂密的矮樹叢下面安定下來，仰賴新生的植物維生，藉著一層層厚厚的蕨葉，來躲避任何入侵的掠食者。

對小梁龍前三年的生命而言，森林深處就是牠們的家。在那裡，牠們每天增加超過2公斤的驚人體重。到剛剛滿一歲時，梁龍的身長會增加三倍，而體重則可能接近半噸。這一切表示，就森林的標準而言，他們很快的就會變得太大，而且此時牠們對類似嗜鳥龍這些掠食者，還很缺乏警戒心。

在淤泥掩蓋的空地上，這個早晨又有兩隻嗜鳥龍出現。在吃了一、兩隻小梁龍以後，牠們就不再吃了，只是繼續廝殺，然後拋下屍體。牠們並不可能吃掉所有的屍骸，因而令人難以理解，為什麼嗜鳥龍要繼續屠殺。或許這有助於狩獵練習，或者這只是一種遊戲而已。

在空地遠遠的一個角落，一頭小母梁龍掙出蛋殼。牠歇坐一下，從這番掙扎中喘過氣來，紅木杉的

為將來而食：梁龍寶寶必須以驚人的速度成長，第一年就必須增加大約半噸的體重。孵化後不久，牠們就開始一生執迷不停的覓食習慣。

針葉和淤泥還沾在牠斑駁的皮膚上。這一隻的長相比較不尋常，因為牠的膚色比同伴還要再暗一些。突然，彷彿被一個起跑的槍聲所啟動，小母梁龍向空地比較陰暗的方向跌跌撞撞的跑去。一隻嗜鳥龍從廝殺中抬起頭來，伸出前肢，向牠追過來。就在即將迫近時，又有兩隻小梁龍正好在嗜鳥龍跟前出現。嗜鳥龍煞住腳半轉身，用爪子抓住其中一隻。那真是快手，但等牠抬起頭，牠原來的目標──那隻暗膚色的小母梁龍──早就已經跑出空地，來到氾濫區邊緣的第一株蕨類叢了。

　　小母梁龍順著最基本的本能向上坡跑，避開有光的地方。牠的身高離地才約莫30公分，很快的，國王蕨巨大的葉片，就在牠頭頂上形成一個緊密的綠色天篷。然後牠聞到一個熟悉的味道，那和牠在空地上碰到過的一樣——錯不了，是一隻掠食者的味道。另外一隻嗜鳥龍正參差穿過蕨類林，要捕獵小梁龍。嗜鳥龍聞得到獵物，但是無法確定對方在茂密樹叢中的位置。牠止步凝聽，尋找何處有蕨葉搖動，那會暴露小梁龍的所在。

　　此時，有了蕨葉的掩護，小梁龍以全然不同的方法對付掠食者。一聞到掠食者嗜鳥龍的味道，牠馬上蹲伏下來，一動也不動，頭頸緊貼地面，斑駁的背部正好給處身苔蘚和枯葉中的自己最完美的保護色。再一次的，這個行為可能也是出於本能——當時並沒有父母在場教牠這種求生的技巧。但這招見效。即使嗜鳥龍是森林獵手，嗅覺和視覺都極佳，而且小梁龍身上還帶著蛋膜的乳臭，但是嗜鳥龍仍然錯過了小梁龍。這便是一個這類孱弱動物能夠求生的環境。小梁龍繼續靜止了好幾分鐘，然後才跌跌撞撞的起身，繼續牠深入森林的旅程。

　　這片高原區的勞亞森林，是巨大的平原蜥腳類恐龍的幼兒養護所。小梁龍還很小的時候，就待在森林中最矮的植物叢裡生活。這裡有充足的食物，從地錢、石松、苔蘚、蕈類、到許多幼嫩的小型蕨類品種，不一而足。也有比較大的蕨類如國王蕨，具有營養價值極高的莖部。如果想要趕快增加必要的體重，小梁龍必須很快學會哪些是好的食物、哪些不好。隨著進入森林的步程增加，牠胃裡的蛋黃也逐漸減少，小母梁龍開始撿食身邊的植物，而這也開始了牠維繫一生的覓食慾望。

> 到剛剛滿一歲時，梁龍的身長會增加三倍，而體重則可能接近半噸。

缺席的父母

在平原上，小梁龍的母親已經距離牠掙扎求生的小寶寶大約100公里遠，正與一群在侏儸紀太陽下嚼食蘇鐵葉的成年梁龍在一起。在所有的蜥腳類恐龍裡面，梁龍可能是最優雅的。即使是最老的梁龍，體重也大約只有25噸，只等於更笨重的種類（如腕龍）的一半。然而梁龍的身長可以比腕龍長兩倍，大約40至45公尺長。這部分是由於梁龍有一條特別長而有彈性的尾巴，而這條尾巴到了最後3至4公尺的部分，等於只是一條又長又細的鞭子。

梁龍特殊的地方，還在於牠們會產生一套非常特別的聲音，使得頭部深深埋在蕨類叢裡吃東西的時候，可以同時和彼此聯繫。這些聲音最奇特的地方，在於可以被其他同伴感覺到，而不是聽到——這是一種非常低頻率的低鳴，透過地面傳送，由其他梁龍的腳部來感收。一般相信，這就是梁龍維持群體聚在一起的方法。只要每個成員感受到其他成員在附近的低鳴聲，即使眼睛看不見，也仍能感到安全。對其他任何動物而言，這個頻率都太低了，無法感覺到，但在接近梁龍

群的地方，這種低鳴強到足以使石頭上的沙塵跳舞，使植物顫動。

　　最深沉、最強烈的低鳴，是來自於母梁龍，女性在獸群中佔有主宰的地位。牠們的體型比男性大，而由於在掠食者充斥的世界裡，體型的大小攸關性命，女性的壽命也因此比較長。目前這群梁龍裡，正有一頭巨無霸的母梁龍，是到目前為止，在該處體型最長的一隻，應該起碼有一百歲了。牠背上有許多根脊骨都已經破損或扭曲，而且腹腰也交叉著許多數十年來被掠食者攻擊的傷痕，然而，現在光是靠著體型，就可以使牠幾乎所向無敵。除了偶爾脫隊的公獸，所有梁龍都過著群居的生活，因為需要彼此的保護而結合在一起。大型老母梁龍尤其是一項有價值的資產，牠們為許多其他比較小的梁龍提供保護。眼前這批獸群的總數還不到40隻，大多數是從6到15歲的半成年梁龍；其中並沒有真正幼小的梁龍。獸群移動的時候，比較小的獸隻通常會緊跟著比較大的母獸，有時候就直接走在母獸的長尾巴下面，以求安全。

行動中：梁龍群的前導迫近蘇鐵樹叢。那些樹才剛開始長出新葉，這些巨大的草食動物會把樹叢扯開，以取得新鮮的嫩葉。

拼 造 梁 龍

我們過去所熟悉的梁龍形象，是拖著一條長長如蛇般的尾巴在地上。皮膚和大象一樣，有著光滑的細紋，而頸子則會彎上去吃樹。

但是，經過幾個不同的發掘所得到的結果，這個形象已經有了改變。現在我們相信，梁龍沿背部而下的一大堆韌帶，有助於把長長的身體懸起來，就像吊橋一樣，呈水平狀。梁龍的頸脊椎活動性不大，因此只能以長弧形的掃動方式移轉頭部。這使得梁龍的採食弧度很寬，但頭卻不能往左右旋轉各超過90度。在梁龍長頸末端的頭，則是朝下的採食方向。

梁龍的尾部是懸在半空中的，1980年代末有人指出，其附屬肢簡直就和皮鞭一模一樣。梁龍尾巴基部的肌肉厚實，然而活動力強，末梢則附著一條又長又細的尾尖。尾巴後面有40到50塊小片脊骨，繼續往後延長數公尺，卻看不出有任何顯著的功能。這個龐然大物的尾巴，最後2公尺的部分，其寬幅僅有32公釐，重量僅約2公斤。電腦研究顯示，如果這個蜥腳類動物甩動尾巴基部，其遠端會以超音速的速度移動，可能會產生類似於皮鞭的啪嗒聲，但是音量達皮

多年來，倫敦自然歷史博物館大廳裡的梁龍骨骸，都把尾巴拖在地上。最近已經被重新擺置，現在尾巴是懸在半空中。

鞭的2000倍響。牠們尾巴基部的骨頭，也曾發現有病理性的損傷，這表示尾部受到了重覆運動的嚴重壓力。梁龍不可能用尾巴來鞭打攻擊牠們的掠食者，因為這種行為會造成太大的傷害。然而，牠們有可能用它來威嚇敵人、吸引配偶，或者溝通。

有關梁龍形象的最後一部份改變，則是關於皮膚。在保存最為完好的骨骸周圍的出土岩石上，有模糊跡象顯示，梁龍的背部長滿了皮脊刺。這些刺和有盔甲的恐龍不一樣，不是骨頭形成的；

其構造比較類似於現代鬣蜥蜴背上的皮膚。梁龍背部表面所長的扁平鱗甲，事實上是大約10公分長的肉峰，而沿著背部中央部位的尖刺，則可達到18公分。這個「新形象」比較接近中世紀的龍，而非蜥蜴，但梁龍確確實實是屬於爬蟲類。

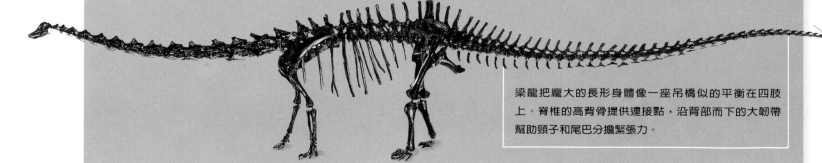

梁龍把龐大的長形身體像一座吊橋似的平衡在四肢上。脊椎的高背骨提供連接點，沿著背部而下的大韌帶幫助頸子和尾巴分擔緊張力。

老母梁龍把獸群帶領到蘇鐵叢來，此刻大家正在進食。除了低鳴聲，還有其他很多不一樣的聲音——一陣陣高低不平的哼鼻聲，愈大塊頭的所發出的音率就愈深沉，還有尾巴不停甩曳和拍打的聲音。

梁龍鞭子似的尾巴更是極度複雜的溝通工具。和低鳴聲一樣，梁龍把頭埋在植物叢裡進食的同時，還能利用距離頭部30公尺外的尾巴，和其他梁龍交談。只要臀部的基位輕輕一動，就可以把細細的尾巴末端疾速掃過半空，造成超音波的鞭打聲。要是有好幾頭梁龍同時做這個動作，所製造的噪音真會令人難以招架，而這也正是梁龍在遭到掠食者威脅時，所運用的第一道防線。雖然牠們盡可能不與攻擊者直接接觸，但在必要時，除非對方真的下定了決心，否則只要積極運用這種噪音鞭韃法，總是可以嚇退敵人。在梁龍獸群之間，尾巴也被用來做觸覺的溝通，牠們會不斷用尾巴來碰觸彼此的背部。事實上，能感覺到更多同伴碰觸的梁龍，通常也就更平靜。如果一隻梁龍開始感到孤單，在把頭從餵食的植物中抬起來之前，牠們總是先揮掃尾巴，或發出哼鼻聲，來吸引同伴的注意。

在這些哼鼻、低鳴、揮掃，和鞭打的聲音之下，另外還有一種聲響——積極蠕動的胃部發出了深沉的咕嚕聲和研磨聲。梁龍的胃是牠成功存活的一項秘訣。事實上，所有蜥腳類恐龍都是因為有這樣一個巨大的食物處理機而得益匪淺，牠們不但能夠吃下看似最不可消化的食物，還能夠從中獲取營養。一隻梁龍的胃能夠裝下超過半噸的植物。再加上胃裡還有數公斤的石頭，可用來使食物不斷滾動，並將之進一步絞碎。這一切消化活動，在獸體之外都清晰可聞，並且給梁龍群的聲音附加了一層特性。

這群梁龍是因受到蘇鐵叢剛冒出來的新葉的吸引，來到此地。對大多數草食動物而言，蘇鐵樹是最不受歡迎的植物。它們的樹皮跟盔甲一樣硬，葉子不但又厚又多刺，還會產生各種毒素，使之更加不適宜食用。然而，蘇鐵的新葉柔軟，

禁果：蘇鐵使用一些植物最有力的防禦措施——鱗甲、尖刺、厚皮、甚至毒素等，來保護其果實。但是沒有一樣能阻止有決心的蜥腳類動物。

比較容易咀嚼。這些新葉從樹頂的中心長出來，外圍護著一圈老葉，但梁龍的長頸搆得到樹頂的中心。牠們用椿釘似的牙齒咬住長長的葉柄，往上扯，就能把所有柔軟的新葉都拔光吃光。老葉的刺並沒有什麼防衛效果，因為梁龍柔軟的鼻翼長在高高的頭頂上，不會受到傷害。蘇鐵樹就是為了抵禦這種侵襲，所以新葉發芽以後，成長得非常快，如此便可降低在脆弱時期被草食動物發現的機會。不幸的是，目前這些蘇鐵樹叢自保不成，而梁龍則得以大飽口福。

覓食時，梁龍獸群一路踐踏灌木叢，把週遭密密麻麻的昆蟲都給嚇出來了。葉蟬（Leafhopper）、椿象（shield bugs）、葉蜂（sawfly），和薊馬（thrip），都住在蘇鐵和蕨類叢當中，牠們因為獸群經過，全被暫時趕了出來。而這也正是梁龍的一群小夥伴所期待的。每一頭這種巨大草食動物的背上，都坐著大約一打叫做無顎龍（Anurognathus）的翼龍，展開兩翼的長度大約只有50公分，約莫2公分長的小嘴裡滿是針狀的牙齒，是凶狠的昆蟲捕食者。無顎龍利用梁龍的背部，做為狩獵的基地台，鎮日從梁龍的背部飛進飛出，捕獵被巨形旅遊夥伴的毀滅性進食法嚇出來的獵物。

除了產卵期間，無顎龍一生都在梁龍的背上度過。無論進食、交配、打架，或成長，都不離梁龍的背脊附近。任何蜥腳類動物的背上，都可以看到一群群這種藍綠色的小動物，在那裡飛來掠去。當梁龍埋頭吃矮蕨類的時候，沿著梁龍頸部一字排開的無顎龍，就在那裡聒噪爭吵，搶奪最佳的獵食位置。除了昆蟲，無

顎龍還吃梁龍身上蛻落的死鱗皮、寄生蟲，甚至吃梁龍受傷時傷口上的血。除了可以擺脫一些寄生蟲，很難看得出來草食的梁龍從這個關係當中獲得了什麼。無顎龍反而往往使梁龍的傷口變得更嚴重，而且大部份成年的梁龍身上，都沾滿了無顎龍的糞便。但是巨大的梁龍似乎對無顎龍的活動全然視若無睹，甚至對成百隻抓在牠們厚皮上的小指爪也毫無感覺。

經過一下午的進食，獸群在四小時之內摧毀了一公頃的蘇鐵樹叢。隨著傍晚逐漸降臨，掠食者也開始從陰涼處露面了，牠們原來都躲起來逃避中午的烈日。這是每日必經的過程，梁龍早有預備。較大的獸隻都會在團體的外圍進食，對所有潛在的侵襲者造成一堵難以攻掠的肉牆。這些平原上，有許多大到足以打倒年輕梁龍的掠食者，但牠們當中沒有一個敢來攻擊完全成年的梁龍。

今天，隨著日頭漸落，夜影漸長，並沒有任何大的掠食者在附近出現。倒是有一小群空骨龍（Coelurus）在覷覦進食中的巨獸。這些空骨龍體長大約2公尺，是小型爬蟲類的狩獵高手，尤其是在團結起來以集體行動的時候。但是以空骨龍的體型，要威脅最年幼的梁龍都還嫌太小，牠們可能是垂涎無顎龍，或其他食昆

奇異的旅遊伴侶：無顎龍這種小翼龍，大半生都在梁龍的背上渡過，受到大恐龍採食驚擾而現身的昆蟲，就是無顎龍的食物。

蟲動物，或者是那些被梁龍所製造的殘枝敗葉吸引而來的其他草食動物。但是當這些狡猾的小動物進一步潛入樹叢時，其中一頭半成年的梁龍聞到味道，開始發出一聲警告的長嗥。其他成員收到警報，立刻不安的揚動尾部。對空骨龍而言，這個樹叢突然變成一個十分危險的所在。就在試圖逃亡的時候，空骨龍獸群正好跑進巨大母梁龍站立的地

方,後者正防禦性的在甩動牠的頸部和尾巴。巨大的龍頸迎空掃來時,正好擊中第一隻空骨龍。那一擊把空骨龍送回去蘇鐵樹叢裡,當場斃命。其他空骨龍四散到矮樹叢中躲避,只剩下梁龍群繼續在那裡焦躁的噁叫。直到夜幕低垂,牠們才平靜一些。有些便在原地入睡;有些則還在月光下繼續進食。夜晚的平原和白天一樣危險,因此,有些成員仍然繼續維持警戒。樹枝折斷和樹葉扯裂的聲音,就這樣一直持續到深夜。

到了早晨,梁龍群已經摧毀了幾近一半的蘇鐵樹林。吃完一棵就移往下一

恐 龍 大 便

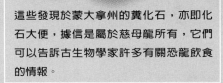

恐龍所遺留下來的東西,經過了這麼長久的時間,有一些實在不是我們預期會發現的——其中一項,就是糞化石,或者用比較簡單的話講,就是變成化石的大便。除非你知道現代動物學可以光憑糞粒就得知多少有關貓頭鷹的情報,否則,這似乎祇是一件有趣的事情而已。恐龍一定製造了很多廢物,但是就像多數遺跡化石一樣,能夠有任何物件存留下來,都委實令人驚異。糞便落地之後,應該立刻就會開始分解,然後還可能會遭到踐踏、腐蝕、乾化、或甚至被吃掉。即

使如此,全世界各地仍都發現了糞化石。在英國約克郡曾發現了一堆小糞粒,每一顆大約1公分寬,而且含有破碎的本內蘇鐵葉。之所以可能是來自恐龍,其線索是在於份量:這些糞粒佔地超過一平方公尺。

於美國蒙大拿州,在一群大型白堊紀草食恐龍遺骸慈母龍(*Maiasaura*)的附近,古生物學家發現了一大堆糞化石,裡面含有許多堅硬的針葉類殘葉碎片,這表示這些恐龍習慣吃堅韌的食物。更有趣的,則是在附近沈澱物裡所發現的短柱形糞便。這些是糞金龜(dung beetle)留下來的,牠們可能是將小份量的糞便和卵埋在隧道裡。等到卵孵化,幼蟲便可以依靠這些物質維生。今天非洲平原上的糞金龜也會做同樣的事情,對每年落地的成噸廢物,扮演了

這些發現於蒙大拿州的糞化石,亦即化石大便,據信是屬於慈母龍所有,它們可以告訴古生物學家許多有關恐龍飲食的情報。

一個重要的資源回收角色。蒙大拿州的糞化石證明,早期的糞金龜為恐龍群執行了相同的重要任務。

探討類此的發現,是今天古生物學家在研究化石挖掘區時的一種趨勢。過去,他們只是把骨頭挖出來,然後一走了之,但是現在他們還花很多力氣在鑽研,為什麼這些骨骸會出現在這裡,還有這個地區的周圍,還可能發現什麼其他的東西。

水蠊是非洲平原生態系統中的重要份子,會清理大型哺乳類動物拉出來的成噸糞便。有證據顯示,類似的甲蟲早於恐龍時代即已演化出來。

棵，往往也把剛吃過的那棵樹踩扁在腳下。有些樹已經有數十甚或數百年的樹齡，不太可能在短時間裡面復原。這就是典型蜥腳類恐龍的覓食方法，也正是這些平原形成的原因。這些大型動物的一再採食，使得除了少數老森林外，其他樹木都難以保存，同時也鼓勵了生長較快的低矮植物迅速擴張。這些蘇鐵叢是因為幸運，才得以留存這麼久。在某些區域，尤其是森林東邊的鹽湖區一帶，這種過度採食，已經造成了災難性的後果。頻繁採食和乾燥的氣候，已經使上層土壤鬆動，造成飄移性的沙丘。植物簡直就不可能在這種區域植根；蜥腳類動物已經把這些地方變成了沙漠。

然而這些巨獸的影響也並非全為負面。在摧毀草木之餘，牠們同時也肥沃了平原，每年排在地面的糞便以噸計。不只是對植物，對昆蟲而言，這也是一項重要的營養來源。有一種甲蟲就是專門靠蜥腳類糞便維生的。

僅僅三天，獸群就把整個蘇鐵林完全摧毀了。終於，在老母梁龍的領導下，牠們動身離開。當老母梁龍踏出緩慢但穩定的步伐時，兩頭公的和一頭年輕的母梁龍緊隨於後。老母梁龍的尾巴不時觸尋牠背後的這個小團體，同時，後三者也不時互相推擠以求最優越的位置。雖然看起來好像很親密，但老母梁龍和這些小梁龍之間，有血親關係的可能性非常低。整個獸群的結合，其實只是出於彼此的便利。年輕的梁龍在大約五、六歲，已經大到不方便藏身森林時，便加入了獸群，可以得到比較大的梁龍的保護，而且因為塊頭比較小，所以也很少會和成獸競爭食物。表面看來，成獸接受這些毫無血親關係的少年，好像是一種崇高的博愛行為，但其實並非如此。平原上充滿了掠食者，當這些掠食者攻擊梁龍群時，牠們總是挑比較小、比較容易受傷害的成員先下手。

形塑大地景觀：像梁龍這種巨型蜥腳類需要大量食物，以致侏儸紀平原大片區域都沒有大樹——這些草食動物群使樹木沒有機會存活太久。

成長的痛苦

第三年——在森林裡

森林深處，有一棵高大的紅木杉倒塌，把幾棵小樹也連帶拉倒。樹幹橫陳在山丘旁的一處大空地上，陽光透過上方綠色天篷的空隙揮灑下來。低矮的蕨類長滿了空地，空氣裡充滿昆蟲的營營聲。在綠葉之間，一群20隻左右的小梁龍正在進食。自雛獸時期在森林深處安身，牠們就已經開始結合成小團體。和前述的例子一樣，結成群體也是爲了防衛，這麼一來會有較多的眼睛和耳朵來發覺掠食者。

但是這些幼獸群是機動性的安排。有時，當食物充足的時候，幼獸會聚集在一起，組成龐大的食草團，很快的就能把樹林之間所有的植物都吃光。然而，一

低下頭來：一頭小梁龍扯下新生木賊的葉子。這類植物生長在森林裡的河岸周圍，是幼齡草食恐龍所喜愛的採食區域。

且遭到掠食者的獵殺——而這是經常有的事，許多成員都會喪命，幼獸群有可能減少到幾無倖存。

這群小梁龍的男性和女性數目大略相當，但是後者的體型已經看得出來稍微大些，其中有一隻母獸的膚色還顯然比其他獸隻要暗一點。三年來，牠的身長已經增加了十倍，目前體重將近3噸。以年紀來看，牠的體格是比較大，這表示在森林裡適應得很好。由於體型的增加，牠的身形也有了改變，頸子和尾巴都增長很多，相較之下，腿部看起來也就比較細。未來將長滿背部的小片角狀鱗甲已經開始出現了，一排小型的尖刺也開始沿著背脊發育出來。

牠吃東西的方法也有了改變。不同於原先選擇性的細啄嫩葉，現在牠和成獸一樣的大口咬。牠的頸子長得非常的長，而且也發育出樁釘一樣的牙齒。大半時候，牠都用這些牙齒來扯下低矮的葉片。偶爾也會跪下後腿，把臀尾坐在地上，仰起頭到6公尺高的半空去吃樹葉。牠刻意避開針葉，可能是因為那個味道，也可能是因為牠的牙齒還不太能適應木質的枝幹。已經長成的針葉樹大多沒有低的枝椏，因而也逃過了恐龍的採食。銀杏樹雖然具有高度的毒素，然而它的樹苗具有比較吸引人的枝葉，是小梁龍所偏好的食物。暗膚色的小母梁龍和牠的小同伴逐漸移往比較開闊的區域。日益增大的體型，使牠們無法再探索新生植物區，因為那裡的樹生長得太密集。牠們發展出一部分像成獸的聲音，但是還尚未具有能夠發出低鳴和拍甩尾巴的體型。

這個梁龍幼獸群緩慢而有條不紊的吃掉整個區域的蕨葉，空地上也隨之揚起塵土和孢子。陽光底下飛來掠去的，是幾隻無顎龍，正瘋狂的在大啖被幼兒團活動驚擾而起的森林昆蟲，有些嘴裡已經填滿了收穫。這些小型的無顎龍，有的張開兩翼只有30公分長而已，和幼獸群生活在一起的時間也才不過幾星期，然而數目卻與日俱增。牠們和小梁龍一樣，也是在森林邊緣孵化出來的。有些會飛到平

原上去尋找宿主，有些會在最初的幾星期留在森林邊緣的空地，找上幼獸群。比起小梁龍的數目，翼龍的數目總是過多，這使得競爭變得非常激烈。而一旦建立了一個適宜的宿主關係，無頸龍會跟隨小梁龍遷到開闊的平原上。然而，這個關係從來就不是很親密。無頸龍隨時可能依其好惡，從這隻梁龍搬到另外一隻的身上。

暗膚小母梁龍因覓食來到空地的最邊緣，在那裡撞見了一隻嗜鳥龍。三年前，這種動物嚇壞了小母梁龍，而今情況有了很大的改變。比起瘦小的掠食者，現在草食的梁龍顯得非常巨大，在正常情況下，嗜鳥龍根本就不會到空地來。但是這是一隻母嗜鳥龍，牠正在守衛埋在土裡的蛋窩。幼梁龍的行動可能會意外踩扁牠的蛋，因此牠對著小母梁龍咆哮，並鼓起長長的鱗毛，用惡狠狠的態度來彌補體型的不足。小母梁龍吃驚的跌坐在後腿上，把頭撇開，高高在上的俯望底下那隻滑稽的小小嗜鳥龍。嗜鳥龍運氣好──就在小母梁龍起身的時候，幼獸群正開始走出空地。正當嗜鳥龍稍微退卻時，暗膚母梁龍也挺直了四肢站起來，然後就轉身跟隨其他小梁龍離開嗜鳥龍的蛋窩了。

改變角色：小梁龍長得如此之快，等到三歲時，曾經令牠們懼怕的掠食者如嗜鳥龍，已經不再構成威脅。

小梁龍群順著一條小溪流走，沿途吃著路上的植物。小溪流向樹蔭下一個陡峻的淺河谷，和一條較大的河匯流。一路採食木賊的幼獸群，繼續沿著一邊河岸往下走。只要再往下一、兩公里，河流就出了森林，進入平原，在那裡河道開始迂迴，造成寬廣的沼澤區。此時從茂密的木賊叢裡，冒出一隻頭角崢嶸的劍龍，牠暗褐色的身體和沿著背部的淺色骨板，再加上龐大的體型，在在說明牠是屬於平原的動物──至少有12公尺長，而且非常笨重，體重大約7噸。牠沿河谷而

上，來尋找草木豐盛之地。

　　劍龍的氣味告訴幼獸群，牠是一頭草食動物，因此大概不致於造成威脅。但是幼獸群沒有經驗得知，劍龍為了自衛，可能會變得十分具侵略性，而且如果自覺受到脅迫，往往會傷及無辜。只要仔細瞧一眼，就可以了解，為什麼其他動物都要對劍龍敬而遠之。牠的頸項魁梧，沿著背脊有一連串的大骨板，但是真正令人憂懼的地方，是牠的尾巴——上面有四隻分別長達一公尺的骨釘。尾巴雖然相當短，但是結實，而且能夠極端有效的運用這些骨釘。雖然劍龍的四肢不快，但卻能夠迅速轉動龐大的身體，把致命的骨釘導向任何威嚇牠的對象。

堅強的配備：像這隻頭角崢嶸的公劍龍，具有非常厚的皮。為保護頸部，牠們堅固的皮下面有成排石塊一般的骨頭。

梁龍幼獸群列隊進入沼澤平原時，劍龍並未對牠們多加注意。牠正忙著咬一根本內蘇鐵（bennettite）堅韌的莖部，再說，牠也一向習慣在有蜥腳類朋友的環境裡進食。但牠敏感的鼻子，很快的就嗅到一個氣味，讓牠的腦子裡響起警鈴。自從梁龍幼獸群開始沿著河谷下來，就已經在不知不覺中吸引了一隻掠食者的注意。過去一個鐘頭，一隻半成年的公異特龍一直在跟蹤小梁龍群。牠大約9公尺長，雖然很輕易就可以捕殺一頭小梁龍，但卻擔心如果驚嚇了整個幼獸群，反而會造成攻擊的困難。如果攻擊是發生在森林裡那種封閉的環境，異特龍自己也有

劍龍如何會有骨板

1877年，查爾斯·馬許（Charles Marsh）形容一隻在科羅拉多州挖掘出來的恐龍非常怪異。那是一頭巨大、四條腿的草食動物，有一個小小的頭，沿背部而下長著一排骨板，尾巴上有四根長長的尖刺。馬許稱之為劍龍。

劍龍是侏儸紀時期有盔甲草食動物裡最大的一種，從美國到中國都有發現。所有這類恐龍都有帶刺的尾巴，但似乎沒有一種擁有像馬許所發現的那麼大的骨板。從一開始就很清楚，尾巴是一個很有力的防禦武器，但是骨板的作用卻相當令人困惑。起初大家假定那些是盔甲，但是它們的位置很奇怪，長在背上太高的地方，很難發生效用。進一步檢驗發現，它們是由細小的蜂巢狀骨頭所構成，上面充滿了血管——這是做為防禦武器最不可能的構造方式。因此，另外一個理論興起，認為骨板是用來幫助控制體溫。在寒冷的早晨，劍龍可以面對著太陽，使骨板迅速溫暖起來。然後通過骨板的血管便可以幫助提升體溫。在一天中比較熱的時刻，吹拂骨板的微風可以使恐龍涼快，其功能即跟今天的大象耳朵類似。

防禦盔甲，體熱調節器，還是廣告板？每一項都曾經被提出來做為劍龍骨板功能的解釋。雖然它們可能三種角色都具備，但是現在一般相信，它們是被拿來做為展示之用。

近來，科學家肯·卡本特（Ken Carpenter）提出另外一個關於骨板角色的說法。既然有如此豐富的血液供應，骨板可能可以隨意漲紅起來。因此，在向異性展示魅力的時候，可能是被拿來做廣告用的。在防衛時，骨板也可能很重要，但並不是當做盔甲。當掠食者迫近時，劍龍可以漲紅骨板增大體型——類似貓豎毛的作用。一旦這個動作使掠食者停頓下來思考，那麼，帶刺的尾巴很快就有機可乘。

莫里森岩層出土的一隻壓扁的劍龍。這清楚的顯示了，這隻動物特出的喉部盔甲、背骨板、和尾部尖刺。

可能受到傷害或甚至被踩扁。然而，在這個寬闊的沼澤區，牠膽量變大了，也逐漸逼得更近。

異特龍是平原上最成功的肉食動物，對成群或單獨的梁龍而言，都是無所不在的威脅。在此巨龍時代，牠們也是有史以來最大型的掠食者。異特龍是突襲型獵手；雖然有驚人的速度，但是他們比較不喜歡去追逐獵物。牠們用有三根指爪的手，像鉤子一樣的鉤住獵物，同時以有力的下顎和鋸齒狀的牙齒，投出致命的一擊。對付像梁龍這種強壯的獵物，異特龍常常會先攻擊，用牙齒撕扯對方，然後退開來等不幸的犧牲者露出虛弱的跡象。如果好幾隻異特龍同時用這種技倆對付一頭動物，對方很快就會因為驚嚇和失血過多而死。

這次，是這隻異特龍的不幸，劍龍一旦察覺了牠的氣味，就不再感到驚訝。這頭大草食動物隨即展開一連串早有預備的防禦策略。首先，劍龍低吼著踏擊前腳，同時用力甩動尾巴，然後便開始尋找攻擊者。劍龍的嗅覺比視覺好，通常這樣的動作會持續一段時間，直到掠食者的蹤跡比較明顯為止。但是這一次，劍龍看到了暴露在外的異特龍，對方正尾隨在幼獸群的後方。劍龍的骨板馬上漲起一片深紅褐色的紅潮，還側身對著異特龍，讓對方看到自己全面的威嚇架勢。

劍龍的警戒姿態驚擾了梁龍幼獸群，牠們開始搖動尾巴，倉皇四顧。根據經驗，異特龍知道，有一隻好戰的劍龍在附近，要攻擊小梁龍

陷入僵持：一頭公異特龍面對一頭7噸重的劍龍。在遇到掠食者時，劍龍會採取一系列兇猛的防禦手段：吼叫，漲紅骨板，把致命的尾巴向兩邊甩動。即使飢餓，異特龍也不見得就敢進攻。

是一件非常危險的事。於是，牠繞過沼澤，沿著河流跑掉了。

劍龍兇狠的姿態維持了一段時間，但隨著異特龍的氣味慢慢消失，劍龍的骨板也開始恢復了正常的顏色。梁龍們則是更快的恢復平靜，尤其是在劍龍的警戒性呼吼一旦停止了以後。在平原上，這兩種動物常常在一起覓食，一部分是因為牠們採集植物的方式不一樣，另一方面也是因為牠們的知覺可以互補，讓兩者能夠比單獨時更快的察覺掠食者。

干擾結束了，梁龍幼獸群繼續在沼澤區覓食。雖然牠們偶爾會回到空地，但從現在起，牠們會比較傾向於留在像這裡的區域，這將無可避免的引導牠們走向平原。

新 家

第 四 年 ────── 森 林 邊 緣

現在梁龍幼獸群的規模比較小了。幾次獨行掠食者的攻擊，使其數目減少了三分之一。牠們多半在森林邊緣覓食，因此很容易受到大隻掠食者的攻擊，而且也缺乏與成年草食獸群結伴的優點。這是一段特別長的乾燥期，平原上的草木大受乾旱之苦。正因為如此，幼獸群延遲了移往平原尋找成年獸群的時間。

南邊的一陣暴雷雨，在連山高原上引發了火災。火災在這個區域並不罕見，只是，很快就看得出來，這一次是非同小可。在材枯草乾的情況下，溫暖的南風又煽風助興，使得大火往北蔓延。火災從針葉林開始，數小時之內，著火飄揚的草木就把火種又散播到千百處。很快的，綿延100公里的森林便成了一片火獄，低矮的樹叢全部著了火。巨大的火柱飛躍過綠色天篷的頂端。

數千隻敏感的恐龍鼻子，遠在火海即身之前就聞到了煙味，但是許多依舊喪

了命，有的是因爲逃錯了方向，有的是因爲逃跑的速度贏不過火勢。沒有幾隻小蜥腳類動物倖存，而那些撿到性命的，又很容易成爲掠食者的美食。像這樣的大火，幾百年才會發生一次，但是只要一次，就有可能把好幾個世代的動物全部掃蕩盡淨。

大火延燒到森林邊緣，在平原的灌木之間引起幾處小規模的野火，但由於乾旱早已使這裡的草木變得十分稀落，因此野火很快就自行熄滅。梁龍幼獸群很早就聞到了煙火味，終於被迫離開森林，前往平原。跟在牠們身後的，是一對巨大的腕龍。即使以侏儸紀的標準，牠們仍算是巨無霸的恐龍，使得梁龍看起來像是侏儒一般。牠們只有大約22公尺長，但是體重十分可觀，超過70噸，比其他蜥腳類動物重兩倍以上。其直立的姿態和高舉的頸部，顯示牠們能夠採食幾近13公尺高的植物。腕龍是食樹專家，採食的策略和梁龍很不一樣。牠們不剝扯樹葉，也很少碰低矮的植物。相反的，腕龍有鑿子一般的尖銳牙齒，可啄食毬果、果實，和其他蜥腳類所接觸不到的高處新生葉。牠們在森林的邊緣採食，尋找結果實的樹，除了樹頂的枝幹，其他一概吃得精光。雖然光是因龐大的體型，就可以造成環境相當大的破壞，但是腕龍只有在樹長得太高的時候，才會去推倒樹木。這其實是有道理的，因爲牠們生來就是要吃位於樹頂高的食物。

當兩頭腕龍舉步離開著火的森林時，梁龍幼獸群的成員全都避到一旁讓牠們通過。跨著沉穩的步伐，這對夥伴走向離主要森林2公里遠的一小叢南洋杉那裡。這些動物還有一些地方和梁龍不一樣，牠們多半都特立獨行，偶爾會形成小團體，但不是爲了防衛——因爲光是憑著體型，就連最大的掠食者也不會令牠們的擔心。雖然如此笨重，但是腕龍很少製造噪音，由於沒有同行者可以「講話」，因此只有在需要吸引配偶的時候，才會發出呼聲。

腕龍有鑿子一般的尖銳牙齒，可啄食毬果、果實，和其他蜥腳類所接觸不到的高處新生葉。

（下頁圖）巨無霸收成者：這對腕龍在南洋杉樹梢尋找營養的毬果。雖然有些樹可能長得比巨龍高，這些恐龍總是有辦法扳倒它們，就像圖片左邊所示。

跨著寬闊的步伐，那對腕龍很快就離開了著火的森林，每踏出沉重的一步，大地就為之一震。梁龍幼獸群也朝同一個方向移動，但是火災讓牠們更困惑和驚慌。牠們比腕龍流浪得更遠，最後在夜色降臨時，停在一處淺溪旁喝水。遙遠的地平線上，一條橘紅色的火焰線勾劃出牠們老家燒毀的痕跡。森林會復原的，而且即令炙焰高熱，許多最高大的樹仍會倖存，只是接下來的一、兩年，小梁龍將找不到多少食物可吃。現在牠們最佳的求生機會，就是到平原上去找一群成年的

恐 龍 裡 的 巨 無 霸

即使是依照恐龍的標準，蜥腳類仍是不折不扣的龐然大物。大多數其他的大型草食動物如三角龍和禽龍，重量可能等於兩三隻大象，但是單單一頭腕龍，就可以超過15至20隻大象的總合。牠們長頸長尾的構造，顯然超級成功。蜥腳類是在侏儸紀早期間演化出來的，從侏儸紀晚期開始，到以巨龍類（titanosaurids）的形式出現，都一直持續稱霸，直到恐龍時代結束為止。連古生物學家也無法確定蜥腳類到底能夠長到多大，有一些出土的殘骸和單根骨頭的碎片似乎顯示，還有一些我們不清楚的龐大動物存在。這些發掘都搶著要號稱是有史以來最大的恐龍，而且取了一些誇張的名字，例如超龍（Ultrasaurus）、地震龍（Seismosaurus）等。總之，由於蜥腳類可能終其一生都一直在成長，這些發掘當中，可能其中一兩種只是大家熟知種類的較老年成獸而已。

梁龍完整的骨骸顯示其身長約25公尺，但是，從一種與牠類似的巨龍（Supersaurus）的肩胛骨和頸脊椎來判斷，這是一隻超過36公尺長的動物。在南非發現的一些大塊背脊骨顯示，巨龍類的體型不小。牠們的身體比其祖先寬大，因此，阿根廷龍（Argentinosaurus）可能只比梁龍稍微矮一點，但是體重可能高達驚人的100噸。

即使如此，這種動物仍不足以號稱是有史以來最大的恐龍。此美名是屬於一項非常神秘的發現。1878年，艾德華‧柯普（Edward Cope）描述在美國科羅拉多州綠色公園的（Green Park）侏儸紀沈澱物中，發現一塊脊椎殘片，該殘片有1.5公尺長。完整的骨頭可能約有2.6公尺高。不幸後人無法檢驗，因為這塊殘片已經遺失了。柯普把這件發現物取名為 Amphicoelias fragillimus，現代科學家曾試圖計算其體格大小。這個動物可能身長近60公尺，站立時臀高9公尺，體重大約150噸。這當然比藍鯨還要長，而體重則與之不相上下。

面對這一切發掘，最明顯的一個問題就是：「為什麼？」比起陸上動物，對海中生物如鯨而言，體重比較不重要，只要海水中有充分的磷蝦，體型大小並不是問題。但是蜥腳類必須有夠強壯的四肢和骨架，來支撐牠們成噸重的身體；而且，牠們必須以陸地上品質相當差的植物來維生。

或許永遠沒有人能有足夠的知識，來完全解開這個謎。體型龐大當然有許多好處——巨無霸不易被攻擊，而且巨大的草食動物可能有特別長的胃，能夠消化牠們

就體型而言，梁龍的頭很小，而且以必須消耗的食物量來看，牠的顎部很弱。然而牠樁釘一樣的牙齒，能夠非常有效的把葉子從植物上面扯下來。

柏林的漢伯特博物館（Humboldt Museum）所展示的巨型腕龍骨骸，可能屬於一頭重達70噸的恐龍所有。據信，蜥腳類有可能長到比這還要大很多。

梁龍，加入牠們。

等到第一道曙光出現時，火勢已經往北移，一片黑色的煙幕籠罩在冒煙的森林上方。梁龍幼獸群仍然留在河邊，隨著晨光出現，開始吃起木賊的新生葉。空氣中充滿了煙火味，並微微夾雜著燒焦的死屍味道。一整晚，這個味道吸引了許多想找一頓便宜飯吃的掠食者。

在河的另一邊，一頭單獨的異特龍正注視著幼獸群。牠是一頭大獸——12公

在蜥腳類化石的骨頭中間發現光滑的石粒，顯示恐龍就和今天的某些鳥類一樣，利用胃裡面的石頭來幫助消化堅韌的植物。

所要的任何食物。多數專家都同意，蜥腳類藉發酵作用消化食物——牠們沒有可咀嚼的牙齒來嚼碎食物。有關牠們胃部大小的估計答案不一，但是很可能比較大的動物的胃，一次可以容納半噸的植物。所有食物都藉由胃中石粒的輔助，來加以磨碎和攪拌。關於這點，證據是來自於與蜥腳類化石同時發現的一堆高度琢磨過的石頭。蜥腳類之所以長得如此巨大，也可能只是因為牠們是第一批有辦法這樣做的陸上動物。這些採取有效率的站姿的恐龍，具有圓柱似的四肢，正好適合於支撐牠們龐大的重量。

但是以上沒有一點真正回答「為什麼？」因為這些看法，全都適用於體型已然龐大的動物。蜥腳類原來應該是長得比較小，後來慢慢才演化出比較長的頸子、比較長的尾巴，和比較龐大的身體。在這個過程當中，每在尺寸上增加一步，應該就會有隨之而來的報酬。這可能就是牠們如何與周遭環境互動的一種功能，而這當中，即隱藏著有關牠們體型的真正關鍵。侏儸紀的平原並沒有任何一種植物，例如草，是特別佔多數的——當時植物的種類可能非常繁多。要在不同的高度，探尋各種不同韌度的植物，最好的設計，就是有一個很大的採食基地，不要浪費太多精力四處移動，去尋找適合的食物。比較長的脖子，可以讓一頭靜態的動物擁有寬廣的採食範圍。蜥腳類採食時，可能很有系統的在原野上一公里一公里的漸次推進，牠們的體型，要適應不可預料和品質低劣的植物，正是再理想不過了。

尺長，3噸重，大概是這種族類裡最大的了。牠是平原之王。當牠緩緩移動，把目光凝聚在獵物的身上時，頭上紅色的骨冠也隨之一閃。雖然為數眾多，梁龍幼獸群仍然是軟弱可欺。在開放的區域，這頭異特龍可以隨心所欲的獵捕牠們當中的任何一隻，牠們的速度逃不過牠。異特龍彎動指爪，盯著小梁龍群。小梁龍群感到愈來愈不安，牠們往上游移動。忽然一對比較小的異特龍出現在幼獸群的前方，向牠們逼近。小獸們擠在一起，轉而過河，往對岸的一棵銀杏樹移去。等牠們抵達對岸，那頭大異特龍就奔過來，撲在領頭的第一隻小獸身上。小梁龍背上的一群翼龍四下飛散。雖然遭到一擊，小梁龍仍然試圖站立，但是異特龍把利齒鉗入牠臀部的皮肉。那一咬的劇痛使牠腿一軟，整個跌進塵土，倒下去時，掠食者順勢騎在牠背上。然後異特龍又轉而咬牠的頸部。在一推一拉之間，小梁龍又站了起來，把異特龍連帶拖著沿河岸跑，但後者咬得很準，小梁龍的脊髓被咬斷了，終究戰敗。

當獵物躺在地上抽搐時，掠食者往後站開。即使以牠的力量和狠毒，異特龍仍然會擔心。異特龍身體結構的特性是速度和敏捷；比起蜥腳類動物壯碩沉重的肢體，異特龍的骨頭要輕很多。因此，即使是臨死梁龍的隨腳一踢，仍可能對異特龍造成嚴重的傷害。

此時，另外兩隻異特龍也已經在河裡攻擊過獸群後方的另一隻小獸了。小梁龍發出一連串警戒的呼號，而且成功的用尾巴把一隻攻擊者打倒。但是第二隻掠食者跳上牠的腹腰，開始撕扯牠的皮肉。另一隻起身跳過河，從另一個方向攻擊。很快的，小梁龍就跪倒在血水夾雜的河中了。

　　丟下河邊幾個死的死、傷的傷的同伴，現在幼獸群的倖存者真的是一意逃命了。牠們背後還有一群流離失所的無頸龍。梁龍沒有快速逃跑的能力；他們樑柱般的腿是用來支撐數噸重的肉體，要做快速的撤離並不稱職。牠們所能做的，只是穩定的一步一步，緩緩脫離殺戮現場。幸好那些異特龍只專注於躺在河邊的數噸屍肉，並沒有追逐他們。血腥味和小梁龍的驚號聲，也吸引了更多掠食者，但只是為了追逐河邊的屍骸而來。這讓心慌意亂的小梁龍有機會逃生。很快的，河邊就擠滿了各種大小和年紀的掠食者。為了搶屍體，發生了一些爭吵，但是最大的異特龍仗著體型，當然是優先享用了。

　　那隻暗膚色的小母梁龍很幸運。牠逃過了攻擊，但是當幼獸群的倖存者穿過平原逃亡時，牠很快就發現自己走失了。附近有一小群母劍龍，或許是因為記得這些滿身盔甲的草食動物曾如何有效的打敗異特龍，小梁龍便向牠們走去。到離劍龍不遠的地方，牠停下來，開始尋找食物。這很困難，因為劍龍正在一小片杜松叢裡進食，這不是梁龍喜歡的食物。牠左右擺頭，撥開一些奇怪的蕨類，尋找比較嫩的植物。這是牠畢生第一次失去同族夥伴同行的安全感，孤身獨處。

　　暗膚色小母梁龍追隨劍龍好幾天，彼此多少都是以視而不見的態度相待。終於有一天，牠透過足部，收到一陣非常低頻率的震動。牠看到塵土跳躍過牠正在採食的葉子。然後，牠蹲坐在後腿上，遙望天際。看到往北約一公里之處，有一群成年梁龍。見到那些巨大的身影，加上本能所能認知的震動，立即吸引小母梁龍去加入牠們。牠

輕易得手：除非有團體的保護，否則年幼的梁龍遇到成年異特龍只有束手就擒。這裡，一頭母異特龍在森林邊緣逮到一隻一歲的幼梁龍。牠會自己享受成果，無意讓敵手分一杯羹。

離開劍龍，穿越平原。隨著距離逐漸接近，又傳來一連串的低鳴，牠也報以一連串的低噪。牠的呼喊逐漸變得愈來愈堅持，彷彿要求某種回答。那群梁龍似乎有相當高比例的年輕梁龍，依據不成文的規定，如果群體裡已經有太多年輕的梁龍，成年梁龍就會拒絕收容新成員。

總之，經過了幾分鐘焦慮的呼號，一頭大公梁龍走出隊伍，繞過其他成年梁龍，揚起尾巴用力甩動。小母梁龍回應這個明顯的示意，立刻跟過去，走在這頭大成獸的臀部底下。經過四年的自食其力，牠終於被一個成年梁龍團所接受，從此，生存的機會將大幅增加。

高原浪子：一頭劍龍在赤道勞亞古陸的乾燥高原上採食。不久前的雨水帶來了周圍豐富的新生針葉叢，吸引許多大型草食動物從平原過來覓食。

沙 中 足 跡

有關恐龍行為的猜測日益增多，古生物學家也隨之開始轉向遺跡化石，尋找線索。遺跡化石是由活生生的動物創造出來的物品——例如巢、穴、糞便、齒痕等——幸運異常的被印在岩石上，成為百萬年後研究的對象。

或許恐龍所遺留的最重要遺跡，就是牠們的腳印。令人驚異的是，全世界各地都找得到恐龍的足跡，有時候數量還非常龐大，可以提供人們極為豐富的資料。事實上，足跡毫無疑問的證明，恐龍有非常挺直的姿勢，並不匍匐行

低垂的夕陽映照出蜥腳類恐龍的化石足跡，這些足跡因科羅拉多河的侵蝕作用而顯現。在夕照之下，感覺上好像獸群昨天才剛走過這裡。

進。單一足跡可以揭露步伐的長度、大小、速度、和姿勢，群體的足跡則可以顯示獸群結構、遷移運動、不同種類的動物可能結集在一起、甚至成長的速率等。而兩處出土的蜥腳類足跡顯示，有20隻或更多的獸隻一起行動，或許由大隻的動物走在外圍，或許是由較小的獸隻跟在大獸的後面。非常小型的蜥腳類的足跡則很少見，而且與較大的足跡接近一處的，更是從來沒有出現過。然而，在南韓的「京東岩層」（Jindong Formation），曾出現關於一些與狗的體型大小相近的蜥腳類足跡的記載。

極罕見的遺跡則正好捕捉到某些特殊的活動。1940年，在德克薩斯州的波拉克西河（Paluxy River），羅蘭·勃德（Roland T. Bird）描述了一套足跡，他認

為，這是一隻大型掠食者攻擊一隻蜥腳類動物的證據。當時沒有幾個人相信他，但現在科學家重訪他的工作，證實了他的發現。沿著河床，有一隻掠食者的足印，和一隻大型草食動物的足印正好同時留存。這兩隻動物還同時一起倒到一邊。然後肉食動物用右足撲跳了兩次，同時那隻蜥腳類動物跟蹌了一下，拖動步伐。看起來，這正好是掠食者襲擊獵物的一刻，如果事屬確實，那麼牠攻擊的方法和現代哺乳類的技術非常的類似。不幸的是，波拉克西河的足跡到這裡就不見了，因此我們永遠不會知道結果。雖然有這麼多資訊，但是科學家仍然無法藉此確認，造成足跡的到底是哪一種物種。

猶他州發現的巨型掠食者足跡。肉食恐龍所留下來的腳印顯示，牠們的步伐一腳前一腳後，證實了牠們直立的姿勢。

下 一 代

第 十 二 年——在 平 原 上

一夜的雨水帶來了一個美麗的清晨。層層薄霧籠罩著廣闊的平原，也令高原邊界一片清新。在這白色的霧靄之上，晨光漸漸彰顯出暗綠色的森林。隨著日漸東升，霧漸消散，平原上比較突出的事物也開始顯露出來——一撮銀杏樹、一個蘇鐵叢，和一群梁龍圓滾滾的脊背。當太陽直射牠們龐大的側面，牠們的皮膚折射出凝聚的光輝。經過一個沁涼的夜晚，一排排的無顎龍齊立在梁龍的腹腰上曬日取暖，同時也開始追逐這一天的第一批昆蟲。

大多數獸隻都在進食。經過一場非季節性的大雨，平原上的草木變得豐盛油綠。一頭大而暗膚色的母梁龍從霧靄中抬起頭來張望。兩隻無顎龍正好站在牠的

鼻孔後面交配，牠們一定是搔著了牠某個敏感的部位，因爲牠煩躁的甩了甩頭，

噴出一鼻子水。牠現在12歲，幾乎算是成年了。雖然過去幾年來，牠的生長速度

已經緩慢下來，但打從加入梁龍群以後，牠的塊頭已經增加了兩倍，而且不再走

在一頭比較大的守護者的尾巴下面了。現在牠的體型相當於一頭最大的公梁龍。

沿著牠的背部，長了一排完整的尖刺，牠現在也是一大群無顎龍的宿主，因而身

上也滿是無顎龍的排泄物。牠的尾巴溫柔的碰觸著約莫28公尺外的兩隻獸群成

員。

　　平原上的霧靄全部消散後，梁龍群停止進食，移往一條寬闊的淺河旁去飲

水，並啃食水草。牠們的來臨嚇走了一小群空骨龍。梁龍在水面上搖動長頸，無

男性的尊嚴：三隻公梁龍爭奪位
於右邊角落那頭母龍的青睞。牠
們會頓足、甩尾、低吼，甚至打
架，但是這並不保證女方會和牠
們其中之一交配。

熱 血 的 爭 論

除了鳥類的起源（見頁188）之外，古生物學界爭議最熱烈的問題，莫過於恐龍到底是溫血還是冷血動物。這一部份是因為其結論會影響我們對這些動物的基本概念，同時也因為這個議題本身就非常複雜。

恐龍已經滅絕了，實際上，我們並沒有任何直接的證據，可以證明他們的身體如何運作，因此，所有的爭論都是環繞著各種推理在進行。更嚴重的是，溫血和冷血，都不是簡單可以一分為二的情況。有些冷血蜥蜴的體溫比溫血哺乳類動物更高。我們知道，恐龍是由某些無法自行產生體溫的動物演化而來（例如鱷魚），和維持高體溫的鳥類不一樣。

過去的理論都是這樣解釋的：所有現代的爬蟲類都是冷血動物，而恐龍是爬蟲類，所以恐龍一定也是冷血動物。但是1970年代的科學家如鮑伯·貝克（Bob Bakker）指出這個立場的可疑性。這些科學家表示，恐龍優雅、直立的骨架是為了速度和敏捷而設計的——更近似於鳥，反而比較不像鱷魚。還有許多其他擁護溫血的論點，包括：恐龍成長的速率極快，還有其社群結構中草食動物和肉食動物的比例，與現代哺乳類的情形很相似。

其他古生物學家則反駁說，如果最大的蜥腳類是溫血的，那他們根本就沒有辦法散發自己身體所產生的熱氣；他們的頭一直都很小，和爬蟲類的一樣；還有，並沒有證據顯示他們有保存體溫所需要的絕緣設施。鑑於巨大的蜥腳類和小型的肉食者在新陳代謝上的需要根本完全不同，似乎這兩方的說法都不正確。

雖然這兩極還有許多爭議的聲音，但是三十年來對骨頭成長輪、鼻腔、氧同位素，以及其他許多間接線索的研究，已使學界產生了某種共識。目前的看法是，恐龍可能既不屬於溫血，也不屬於冷血。他們是一群混合體，有各種新陳代謝的方法來維持體溫。他們可能具有四心室的心臟，以確保有效率的血液分佈，也具有很活躍的新陳代謝組織，這點是鱷魚所缺乏的。但是，恐龍也可能利用本身龐大的體型來協助保持體溫。

關於小型的肉食恐龍，還存留著一個很大的問題。以他們的體型——多數專家都同意，可能只有大約一隻火雞大——一隻缺乏絕緣構造的溫血動物，在寒冷的晚上很可能死於失溫。雖然在中國發現的極少數幾件化石，顯示小型恐龍具有某種毛皮，但大多數的發掘都沒有提供這方面的證據。

就因為我們永遠都不可能研究活的恐龍，所以我們永遠也不可能知道確定的答案。

> 冷血的鱷魚有一度被認為是恐龍新陳代謝機能的最佳範例。但是現在一般相信，恐龍有各種不同的方法來保持體溫，而小型的肉食恐龍則比較接近溫血的鳥類。

顎龍沿著牠們的長頸排排站，準備飽餐一頓淡水裡的蟲子。除了這些迷你翼龍，許多掠食的昆蟲也利用梁龍的背部做為狩獵的基地台。豆娘和蜻蜓歇在梁龍的腹腰上，給大片斑駁的褐色皮膚增添了點點珠寶般的色彩。一隻無顎龍看見一隻掠食性草蛉停在梁龍的一處背脊上。翼龍緩緩的爬向那隻大昆蟲，珠粒般的紅眼珠緊盯著對方不放。當到了大約30公分遠的距離，牠展開翅膀，撲向獵物。草蛉立刻撐開自己的兩翼，展示出一對亮紅色如眼睛的圖案。翼龍愣了一下，一時被那個圖案給困惑了，還來不及回過神來，草蛉已經飛離梁龍的背脊，逃進木賊叢了。昆蟲已逐漸發展出一套方法來對付翼龍的掠食。

梁龍群間緊張的氣氛，已經醞釀好幾天了，獸隻甩動尾巴的頻率也愈見增加。引發這種行為的線索之一，是近來的雨水所帶來豐盛可食的草木。最近梁龍群吃得特別飽，牠們的大肚子裡裝滿了發酵的食物。雖然其他季節性的因素也有關係，但這是引起梁龍交配慾望最重要的一個原因。

交配期開始的第一個徵兆，就是緊密的獸群結構分解了。母獸會聚成一群，而公獸則分散開，在群體之外的地方各自站立。這將是暗膚色母梁龍第一次交配──牠才剛長大到可以撐持公獸騎到牠背上的重量。對獸群裡比較小的成員來說，交配期是一段危險的時間。由於獸群解散開，幼小者就缺乏保護，很容易受傷害。

一旦站離獸群，公獸會藉著不停的甩動尾巴，以後腿站立、前腳大力頓足這些動作，來吸引母獸的注意。頓足所引起的震動，從好幾公里外都可以感覺得到，也常常會吸引失群落單的流浪公梁龍過來。如果公獸彼此靠得太近，沒有足夠的空間可以做威力展示，就可能發生打鬥。兩頭15噸重的公獸打架，景象非同

> 公獸會藉著不停的甩動尾巴，以後腿站立、前腳大力頓足這些動作，來吸引母獸的注意。

（右頁圖）曙光環抱：一隻成年梁龍在清晨的陽光下暖身。只有成年的公梁龍會離群獨處，牠們沒有什麼好怕的──即使對異特龍來說，牠們都太巨大了。

小可，通常結果就是兩邊力氣的較勁。經過一番摔尾和吼叫之後，兩個敵手便相貼而立，彼此用全身的重量來推擠對方。依這種競爭方式，體型大小是勝負的關鍵，一頭試圖推擠超過自己重量的小公獸，很可能會嚴重受傷，斷了肋骨或甚至折斷四肢。如果兩頭公獸力量相當，牠們便可能開始用頸部來打擊對方。同樣的，這對如此巨大的動物非常危險，但是所獲得繁殖的報酬卻很值得。公獸的數量很少超過母獸，但是許多母獸並非每年都會交配。在交配之後，母梁龍似乎能夠儲存精子超過一年以上，這樣即使在沒有公獸的時候，牠們也能夠受精產卵。鑑於公獸危險的生活──必須打鬥以取得配偶，加上體型比較小，比較容易受傷害──這是一種非常有用的適應方法。但是就演化的觀點來看，除非公獸能夠繁殖，否則牠倖存的這些年歲等於是白費了。因此，在短短的交配期間，公獸之間的敵對情況非常緊張。

在這漫長靜止的下午，九隻公梁龍在那裡展示性的揮動尾巴，大力頓足，直到各處灰塵密佈。被驚擾的無顎龍在不同的宿主間飛來掠去。就公獸而言，揮動尾巴可以成為其年齡和體力的一項重要指標。大多數梁龍──如果活得夠久的話──鞭子似的尾部會隨著年齡而僵硬。有的甚至還會有痛苦的關節炎症狀。所以，比較年輕的公獸會試圖以更活躍的揮舞，來彌補他們體型小的缺點。

夜色降臨，母獸依舊不願意離開河邊的位置。在這溫暖的侏儸紀之夜，即使母獸不可能在黑暗中和牠們交配，一些公獸仍然稀稀落落的繼續展示著魅力。等到天亮，最大的母獸才開始向疲倦的公獸走去，有些母獸也有樣學樣。只有大約半數母獸有興趣交配，然而以牠們儲存精子的能力，仍然很可能讓所有成熟的母獸都會在今年內產卵。

由於母獸群的移動，公獸又開始勤奮的揚尾頓足。暗膚色母梁龍選中一頭和牠體型相似的對象。當牠走近公獸的身後時，公獸便停止了揚尾頓足。牠穿過公

獸的身邊，用尾巴摩擦對方的頭、頸，和背。對方也用尾巴做出相同的動作，牠們就這樣一來一往好幾次。然後女方頭頸低垂到非常貼近地面，以此動作示意接受。男方便移到牠的後面，用尾部做為支撐，蹲坐在後腿上。然後把兩隻前腿分置於女方的脊骨兩邊，把長長的前爪釘在女方背上尖角狀的骨板上以穩住自己。

公的蜥腳類動物有一根很長的陰莖，並有充分的肌肉支撐，讓牠們的陰莖能夠彎

偉大的莫里森

本章的資料是以莫里森岩層的發掘為基礎，這是一個龐大而出土豐盛的化石床，其面積涵蓋美國西部一百五十萬平方公里。南至新墨西哥州，北至加拿大，西至愛達荷州，東至內布拉斯加州。

從該岩層發掘的第一批骨骸，出土於1877年，從那時候開始，該處即持續產生了數以噸計的材料。從莫里森岩層發現了梁龍、雷龍、腕龍、劍龍、和異特龍，還有許多的鱷魚、哺乳類、蜥蜴、魚等等，難以計數。這使得我們對北美洲的侏儸紀晚期有一個非常詳盡的了解。

這個化石床如此豐富，研究此地的最初兩位古生物學家（也是兩大敵手）愛德華·柯普和查爾斯·馬許，還互相競爭看誰挖出最多的化石。後來，美國自然歷史博物館和之後的卡內基博物館，都以莫里森做為收藏來源的基礎。到了二十世紀初期，美國的恐龍展藏便傲視全世界。

莫里森本身的形成，要追溯到侏儸紀晚期，介於一億四千八百萬到一億五千五百萬年前之間，是一個名為日舞海的古老水道消退後所留下來的低地平原。其北邊區域，也就是今天蒙大拿州的所在地，氣候必然非常潮濕，因為當

地有煤礦床。在靠近今天的科羅拉多州，則曾經有積水平原和曲折的大河流，與季節性的湖泊。這裡就是發掘最豐富的所在，因為定期性的雨季，一定使這個低窪地區淹了水，把大批的動物骨骸都沖集到這裡。「國家恐龍紀念地」（Dinosaur National Monument）可以見到美麗的景象，那裡有1500塊骨頭被保留在地層中，形成一片巨大的骨骸牆供遊客觀賞。往西的猶他州和亞歷桑納州地勢較高，長滿了紅木杉森林。最後，在亞歷桑納州南邊，莫里森變得乾燥許多，表示當時南部的邊界是由一片沙漠所形成。

莫里森岩層的許多恐龍骨骸都保存得很好，因為牠們都是被穿過這個古老地域的眾多河川沖流到此處的。

莫里森岩層這個侏儸紀遺跡的大寶藏，從加拿大一路幾乎延伸到墨西哥國界。自1877年開始，該處已經出土了成噸的化石。

到母獸的身體底下，和陰道接觸。終於，這對梁龍交配了——這個過程通常只有幾分鐘就結束了。女方回到河岸邊，男方則繼續揚尾頓足。有時候一頭母獸會走訪好幾頭公獸，每一隻梁龍都會交配好幾次。

接下來的兩個月，獸群繼續移動並不斷覓食。漸漸的，牠們接近高原的邊緣。在那裡，森林已經開始從八年前的大火災裡復元過來。等獸群愈來愈靠近森林的邊緣採食，暗膚色的母梁龍便離開了獸群，走進樹林。牠體內懷著將近100顆又大又圓的蛋，憑著本能推開森林邊的矮樹叢往前進，即令此時，仍然依稀可聞火災的焦味——多年前，就是這股焦味迫使牠離開此處。某些巨大紅木杉的中心部位，經過了這許多年，仍有慢火在裡面燒著，樹一邊長，火一邊吃掉樹心。母梁龍繼續往前走，尋找一塊空地，一路上推倒一些樹苗。很快的，牠找到一塊沒有長多少蕨類的空地，地上蓋著厚厚的一層針葉。牠先用腳試了試地面；然後用舌頭嚐了嚐落葉。或許牠對自己孵化的那塊土地有著遙遠的記憶吧，現在牠試著尋找一塊同樣是淤泥和腐植土混合的地方，好產下牠的蛋。一旦滿意自己已找到了正確的地點，母梁龍便開始用長長的前爪翻開大批的落葉和軟土，挖掘出一個一公尺深、又圓又大的坑洞。挖好洞，牠轉過身，把臀部放低到坑洞上，開始下蛋。牠的頸部舉得高高穩穩的，彷彿出神，但隨著每一顆又大又白的蛋滾進坑裡，牠就往旁邊移一點，以確定下一顆蛋位於前一顆的旁邊，而不是壓在頂上。

任務完成後，母梁龍輕輕把坑洞的土填回去，只用一小部分的體重把土小心的壓平。最後，牠走出空地，回到獸群中，留下牠未來的子嗣自求生路。如果能夠活到很老，牠可以重複這個活動多達50次，生產超過5000顆蛋。牠並不知道，牠的母親也生產了近似數量的蛋，而牠大概是其中唯一存活下來繁殖自己的下一代的。

無情的大海

3

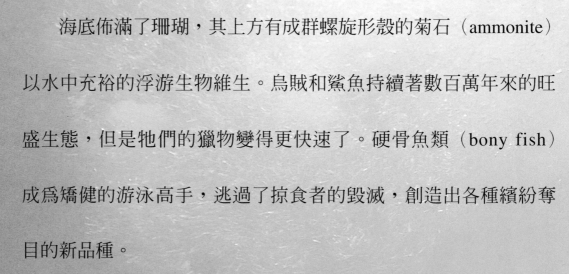

億四千九百萬年前的地球。龐大的陸塊活動打破了盤古大陸這塊古老的陸地，穩定上升的海平面形塑了侏儸紀的海岸線。數千平方公里的低地被水所掩蓋，創造了大型的湖泊和海洋，這些受到陽光照射的水域，便成爲海中生物的演化場所。

海底佈滿了珊瑚，其上方有成群螺旋形殼的菊石（ammonite）以水中充裕的浮游生物維生。烏賊和鯊魚持續著數百萬年來的旺盛生態，但是牠們的獵物變得更快速了。硬骨魚類（bony fish）成爲矯健的游泳高手，逃過了掠食者的毀滅，創造出各種繽紛奪目的新品種。

有這麼豐富的潛在獵物，許多陸上動物開始適應水中的生活。在征服了陸地與天空以後，爬蟲類也成爲海中的掠食翹楚，

日照水域：在一處侏儸紀的淺海，一隻 5 公尺長的大眼魚龍游過一群水母當中。這些明亮的水域富藏生命，孕育著從海百合叢到巨型海洋爬蟲類掠食者等所有生命。

完成牠們在中世代的霸業。這些海中殺手和恐龍沒有親戚關係，

但是同樣非常巨大。雖然全都呼吸空氣，但牠們發展出各種各樣

的形式——有滑溜像魚、在深海追逐烏賊的魚龍；有大啖帶殼菊

石的海鱷；有脖子長長、專從暗處偷襲魚群的蛇頸龍。海洋

掠食者中，最巨大的是短頸類蛇頸龍（pliosaurs）——

滑齒龍（Liopleurodon）即屬於這類動物，其身長幾近25

公尺，是生物史上最大的肉食動物。光是牠的嘴

就有3公尺長，專門撕裂獵物。這些海底

移民和恐龍一樣可怕。

雖然珊瑚和海綿早在寒武紀之前就已演化出來，但是卻在二疊紀滅絕時受到了嚴重的打擊。那些在中世代復原的，則與古代的老祖宗有所不同。

日照水域的年代

在侏儸紀的世界，海洋的重要性比起今天有過之而無不及。雖然盤古大陸分裂了，但是盤古大洋依舊佔據了另一半地球。海平面時高時低，但一度比今天高了100公尺以上。

一大片低窪地區都沈浸在溫暖、日照的水域當中，這些地區被稱為陸緣海（epicontinental sea），有時淹沒了多達四分之一的地面。有些地方的海流很弱，海水靜滯；但也有許多地方的淺海區域裡，卻充滿了旺盛的生命。

自侏儸紀開始以來即大量復原的珊瑚，形成了廣闊的礁床。大多數珊瑚需要陽光才能成長，沈澱物會讓它們死亡。但是由於陸地較少，沿岸較無廢棄物，而且有大片淺海供其生長，珊瑚便在陸緣海域蓬勃起來。由海綿和細菌形成的礁石，在90公尺深的水底成長。海百合、海扇、海鰓、和網貝，只是佔據這些富饒海域之部分堅固表面的例子。

在軟沈澱物中潛藏著雙殼貝（bivalves），蛤蜊和蠔也形成大片的繁殖床。新的掠食者演化出來，從這些新型的獵物中圖利。蝸牛鑽進殼裡，海星就把牠們撕裂，龍蝦也發展出鉗子以將牠們挖出。

在上層的水域，魚類經歷了所謂的中世代海洋革命。快速新魚種真骨魚類（teleosts）繁衍開來。在侏儸紀早期，魚類總不出鯊魚和具有厚鱗的原始硬骨魚類（bony fish)兩種，後者即現代鱘魚和長嘴硬鱗魚的遠親。真骨魚類演化出來的最重要特長，就是有一個接合的顎部，可以像管子一樣往外推，而後再收回去——這種特點在金魚身上最容易看出來。

這項新發展，為真骨魚類開啟了一種全新的採食可能性，牠們因此能夠把獵物吸進嘴裡，在競爭者之間佔了上風。到了侏儸紀晚期和白堊紀早期，真骨魚類根本就取代了大多數古老的硬骨魚品種。無論是梭子魚、鰻、鯡、鱈、鮪，或海馬，今

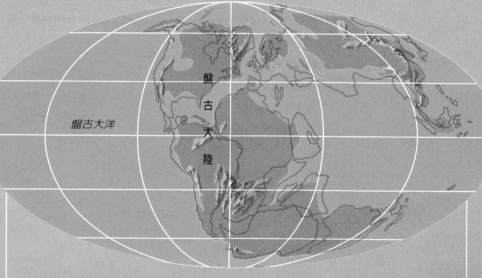

盤古大洋

盤古大陸

隨著盤古大陸分裂，古老的海岸線開始迅速改變。這不只是肇因於陸塊運動，同時也是因為海平面上升了。今天我們所知的大片陸地，特別是在歐洲和亞洲地區，當時都被海水所淹沒。西伯利亞和中國等於都成了大陸島，而歐洲則變成一連串的小島嶼，有些還非常的低窪。赤道附近有暖流流動，但是盤古大地所餘的大片陸塊，仍然使它們迴轉向兩極。其結果，就是大部分的水域仍然是在熱帶或亞熱帶地區，而兩極沒有冰帽可以限制海洋或陸上動物的活動。透過這些延伸甚廣的海域，大型的魚類和爬蟲類可以在全球各地自由來去。

天大多數的魚類都屬於真骨魚類。鯊魚由於比較大也比較凶狠，因此比較不受真骨魚類的威脅，同時，牠們也演化出比較滑溜、比較現代的品種，以因應日益快速的獵物。

這些海洋生態系統裡，有一個很重要的組成部分，就是頭足類動物（cephalopods），今天其代表性品種是烏賊和章魚。在侏儸紀時期，最常見的頭足類動物是菊石和箭石（belemnite）。菊石的螺旋形貝殼可保護柔軟的身體，同時也可用來控制浮沈。菊石是住在殼中的最後一個螺旋室。百萬年來，成千種不同的菊石出現又消失，從1公分長到有如馬車輪

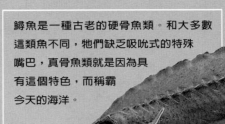

鱘魚是一種古老的硬骨魚類。和大多數這類魚不同，牠們缺乏吸吮式的特殊嘴巴，真骨魚類就是因為具有這個特色，而稱霸今天的海洋。

大小，無所不有，但是到中世代末期就全部絕種了，只留下一個非常遠房的表親鸚鵡螺（Nautilus）。

箭石也在同時消失，牠們看起來很像現代的烏賊，不過觸鬚上有鉤子而非吸盤，而且箭石的體內有類似墨魚的纖細骨頭。箭石速度很快，可能是群居動物。

雖然從石炭紀開始，爬蟲類就稱霸陸上，但是在中世代海洋中，卻是相當新的後來者。從三疊紀期間第一次進入海中，一直到侏儸紀晚期，爬蟲類已經演化出各種不同的掠食者。類似海豚的魚龍——偏好開闊海洋的追擊性掠食者——繼續茂盛繁衍，但是已經不如三疊紀晚期那麼多樣化了。

海鱷也很常見，離開陸地後，已經發展出粗尾巴和蹼狀肢，並且以偷襲的手法捕獵。但是此時最成功的海洋爬蟲類，是長頸的蛇頸龍（plesiosaurs）和短頸的蛇頸龍（pliosaurs）。兩者都在水中以四隻大鰭狀肢划水，而且都長得非常巨大。蛇頸龍擅長捕魚類和烏賊，會利用長

頸把獵物從群隊中咬出來。

短頸類蛇頸龍是頂尖的掠食者，其中較大的多半是捕獵其他海洋爬蟲類。其超大的顎部和髒亂的採食習慣，都在化石紀錄裡留下了痕跡。吃了一半的魚龍和蛇頸龍鰭狀肢上的齒痕，在在都是牠們貪婪胃口的證據。

南洋杉在這個時期很常見。這種針葉樹沒有多少品種存活到今天，其中之一的圓柱松，只在新喀里多尼亞附近才有野生樹種。

像這種羽毛星，是典型的過濾式進食棘皮類動物，屬於一群從寒武紀開始就在海床中滋長的生物。

有些甲殼類（crustacea）如螯蝦，在恐龍之前就存在了，但是在侏儸紀時期，真正的蟹和龍蝦才第一次出現。兩種掠食群都發展出有力的鉗子，可以撬破軟體動物類獵物的硬殼。

捕 獵 開 始
六 月 —— 珊 瑚 育 兒 所

在連接古地中海和北海（Boreal Ocean）的長形海道的南方，有一片淺而寬廣的陸緣海，佈滿了成千島嶼。從翼龍的眼光來看，每一個孤獨的綠色島嶼都被淺色的珊瑚礁所包圍，彼此間則由深藍的水道隔開。偶爾，比較大的島嶼上會有河水氾濫，把寬大的淤泥沖積扇推進天藍的海水裡。

百萬年前，這整個區域曾是一片乾燥平原，點綴著幾處高地。海洋上升以後，高地成為與東西兩方大陸分隔的大島嶼，而在大島嶼淹水的時候，它們又形成許多小島嶼。南邊，有一片大陸岩棚伸進古地中海的深水之中，這裡就有一群這樣的小島嶼，稱為文帝里席奇群島（Vindelicischs）。陸緣海某些地區少有海潮，海水幾乎是停滯的；但是在文帝里席奇群島的周圍，從海上襲來沁涼、氧氣豐富的潮水，使這裡成為海洋生物生長的理想場所。

眾多小型無名島嶼的海岸上，一頭滑溜的褐色蛇頸龍正在溫暖的礁岩上曬太陽。這是一隻約7公尺長的母短頸龍（Cryptoclidus），正攤開四隻優美的鰭狀肢平躺在岩石上。長頸末端的小頭，伸向沖刷著珊瑚的閃爍浪潮。牠在睡覺。天候還早，氣溫還不會太熱。牠可能整晚都一直待在這裡，這是一個安全的島嶼避難所，沒有掠食者大到可以威脅牠。另外一隻短頸龍在約莫50公尺外的岩棚上聒噪，但是兩者彼此不感興趣。短頸龍是獨行的海中獵手，捕食魚和烏賊維生，雖然島上各處有一打左右的短頸龍，但是牠們只有在交配季節的時候，才會有互動。

當太陽開始直射珊瑚礁時，母短頸龍醒了過來，蹣跚走了幾步，離開了岩棚，溜進清涼的海裡。一旦進了水域，牠便毫不費力的悠游起來。和所有的蛇頸龍一樣，牠用四隻鰭狀肢把自己向前推進，那四隻鰭狀肢就像水裡的翅膀，幫助

海中怪物

水淺的陸緣海常被證明是保存海洋動物骨骸的理想場所。這些淺海底部有一層厚厚的泥，上方死掉的動物會往下沈，在被底下的沈澱物掩埋以後，便有大好機會「倖存」為化石。在侏儸紀晚期，有一個大島嶼從倫敦穿過英吉利海峽延伸到比利時，島嶼旁邊的海域裡有繁榮的生命，海床則是極深的淤泥。現在這個地方形成「牛津泥層」（Oxford Clay），像一條腰帶似的橫跨英國中部。本章的所有動物都有化石在這個岩層中出現，許多也在世界的其他地方有所發掘。

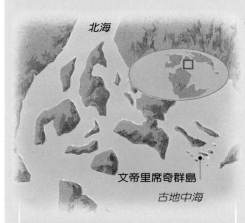

文帝里席奇群島是位於古地中海邊緣的一群島嶼。東邊是西伯利亞，西邊是正在開展的大西洋。洋流主要從溫暖的古地中海往北流向較冷的北海。

大眼魚龍

侏儸紀晚期十分常見的魚龍。是脊椎動物中眼睛最大的，有助於在晚上或深海的地方獵捕烏賊。口鼻長而細，適合咬捉快速、靈活的獵物。

證據：有幾副保存完美的骨骸，從幼獸到成獸體型不等。歐洲和阿根廷均有發現。

大小：大約5公尺長，其中頭骨佔1公尺。

食物：魚和烏賊。

時間：一億五千萬至一億六千五百萬年前。

短頸龍

中型的蛇頸龍，有個稍扁的頭骨，一對向

上長的眼睛。又長又細的牙齒，可能是要戳刺烏賊用的，但也有可能是用來過濾從泥沙裡挖出來的穴居動物。

證據：有幾副完整的骨骸，其中包括幼獸。大部分是發現於英國和法國北部，但是俄羅斯和南非也有發掘報告。

大小：最大長度8公尺，其中頭骨佔60公分。可能重達8噸。

食物：魚和烏賊。

時間：一億五千萬至一億六千五百萬年前。

滑齒龍

龐大的掠食者，是中世代海洋爬蟲類中，唯一可以在體型上和最大的現代鯨魚媲美的。口鼻前方的獨特薔薇色牙齒，是暴龍

的兩倍長。

證據：有完整的骨骸和一些殘片，大多發現於英國和法國，但是智利可能也有。

大小：成獸長度大約25公尺，其中頭骨佔了驚人的5公尺。滑齒龍的體重很難估計，但是可能有150噸。

食物：海裡任何東西。

時間：一億五千萬至一億六千五百萬年前。

扭椎龍

關於這種歐洲肉食動物，我們所知不多。

根據出土的海岸環境來看，牠可能是個海灘拾荒者，同時也是活躍的肉食者。

證據：根據在牛津北部的牛津泥層所發掘的一副骨骸。這可能是一副漂到海裡的屍體。

大小：大約5公尺長，體重大約半噸。

食物：肉食，也食腐肉。

時間：一億六千萬至一億六千五百萬年前。

喙嘴龍

侏儸紀晚期常見的海洋翼龍。依牙齒的形狀和方位顯示，牠可能在浪潮上低飛捕魚，會把獵物汲舀上來。

證據：從牛津泥層和德國的松禾芬都出土了數副骨骸；坦尚尼亞也有發現。

大小：展翼寬度近2公尺；頭骨20公分。包括尾巴在內，身體全長大約1公尺。

食物：魚。

時間：一億四千五百萬至一億七千萬年前。

牠在海中穿梭飛翔。當牠將一雙前鰭往下推，海水就使一雙後鰭浮起來；然後將後鰭往下推，前鰭就浮起來。母短頸龍溫柔的重複這個動作，在珊瑚床上來回尋找獵物。每一隻鰭狀肢都連著強壯的肌肉，既能夠一起運作，也可以單獨行動。這表示，短頸龍只用一隻鰭就可以很迅速的轉彎，或者也可以全部同時使用，讓自己急遽加速。

在距離島嶼大約一公里的地方，牠碰見一隻大Perisphinctes正從容的要穿過珊瑚床。Perisphinctes即菊石，是十分常見的有殼海洋軟體動物，而這隻正是這個地區最大的品種之一，有個寬約一公尺的螺旋狀硬殼。牠是一種掠食者，經常從貝殼的末端伸出幾根有力的粉紅色觸鬚，摘取珊瑚上的小動物送進強壯的顎部。明亮的侏儸紀太陽投射進水中，彰顯出環繞著菊石貝殼的紅白條紋。這個美麗的結構，是隨著年齡一輪輪增長的。現在菊石柔軟的身體只佔據了末端最大的那一圈螺紋，空出來的那幾圈裡面充滿了空氣，以做為浮水之用。因此，雖然出了水面的牠一定有100公斤重，但在這裡，卻可以無重力的懸在珊瑚上方。菊石的觸鬚下面有一根小吸管，可以指向任何方向，而且可以藉著水，讓牠得以四處移動尋找獵物。

短頸龍鰭狀肢所攪動的水波，把菊石跌跌撞撞的推離珊瑚，短頸龍轉過身來查看對方。菊石已經縮到殼裡面，把罩覆末端的蓋子拉緊。短頸龍知道自己的牙齒還沒硬到可以咬破貝殼，所以輕輕碰撞了菊石幾次以後，就離開去尋找其他比較軟的獵物。

對這兩種動物來說，此處的食物都不虞匱乏。在菊石的底下，有五花八門的海洋生物。地球有史以來，可能沒有任何一個海洋比這裡更豐饒，種類更繁多。除了實際構成珊瑚床的微生物之外，還有其他過濾取食類動物，像蠔、蛤蜊，和海百合。海綿從珊瑚之間吐出芽來，形成大片的盤狀結構，或高聳成優美的籃子

模樣。其間還有蝦、蟹、蝸牛，和掠食生物的無足蟲穿梭來回。在牠們之上，無數品種的魚、魟、鯊魚，和烏賊悠游不息。雖然每一種居民只佔據一個小角落，但這個珊瑚礁卻綿延數百公里，形成一個橫跨淺海的大拼圖。依照海水的深度，礁床會有不同的變化，從淺珊瑚原，到深海綿壩，甚至由細菌堆砌起來的大塊扁平礁岩，無所不有。唯一沒有珊瑚礁的地方，是水深超過80公尺的區域，礁床在那裡停止延伸，因為沒

活化石

現代世界有種想法，以為少數幾種動物從史前時代就一直掙扎生存到現在，逃過了滅絕，這聽起來極端動人。然而，事實上，這是一個不正確的觀念，因為並沒有一個單獨的物種，曾經持續存在超過數百萬年。其實，是動物的族或群，不斷的產生新的品種，每一個新品種和原來的基本構造只有毫釐之差，因而給人非常古老的印象。

除了水母和珊瑚這兩種更古老的動物，大部分重要的動物群，都可以追溯其起源到五億五千萬年前的寒武紀，那時，在所謂的「寒武紀大爆炸」當中，成百樣新的物種演化出來。無足蟲、海綿、甲殼類動物、軟體動物，和棘皮動物——甚至於我們自己這有脊椎的動物——都在當時出現。然而，人類不能因此就被歸類為活化石，再說，人類和最先發展出原始神經中樞的微小類魚動物，幾乎沒有一點相同之處。如果我們

菊石和恐龍同時滅亡。今天牠們最接近的親屬，是在太平洋中罕見的鸚鵡螺。

每年一次，鱟齊集在海灘繁殖，在沙中產卵。這群動物已經有超過四億年的歷史。

把時光向前轉，和今天存在的動物具有驚人相似性的生物，確實在化石紀錄裡開始出現。鱟出現在四億三千萬年前，牠們和蜘蛛來自同一個動物群；肺魚最早是在四億年前演化出來；鯊魚是三億年前；鱘魚則在二億年前等等，無法盡述。演化和時間並進，創造物種，也失去物種。

或許唯一真正有資格被稱為「活化石」的，是那些曾經屬於一個龐大而多

樣的生物群，在遭到大規模滅種之後被遺留下來的生物。二十世紀初在非洲海岸發現的腔棘魚（Coelocanth），是三億年前極端常見的總鰭魚（lobe-finned fish)至今仍僅存的品種。銀杏樹是曾經繁衍於中世代森林的一群樹中，唯一留下來的代表。菊石從六千五百萬年前的海底消失以後，一群和牠有親戚關係的軟體動物倖存下來，今天，我們仍然可以在太平洋找到牠們的後代，那就是鸚鵡螺。

圖中的化石是鱟這種動物有多麼古老的堅強證明：它甚至顯示了該動物臨死前的最後足跡。

有足夠的光線可以支持生命成長。貼近島嶼的地方，珊瑚礁也不能存活，因為河流沖刷下來的淤泥會使珊瑚窒息。

在這隻菊石頂上，有其他菊石在靠近海面的地方採食。成百隻螺旋狀貝殼藏在暗藍的水影中浮浮沈沈，僅偶爾隨著觸鬚捕捉獵物時才振動一下。一隊烏賊游過菊石群。雖然兩者都是軟體動物，也都以噴水的方式讓自己前進，但各自在這個豐饒海洋裡的生活方式卻截然不同。烏賊不但沒有菊石一般的保護殼，還必須常時移動。烏賊柔軟的身體是許多掠食者常吃的食物，而牠們所能憑藉的逃命手段，唯有速度而已。

海面下數公尺的地方，烏賊群被短頸龍盯上了。母短頸龍正採取牠擅長的偷襲技巧，滑過珊瑚礁，讓自己停在烏賊群的正下方。雖然短頸龍的體積龐大，烏賊群卻沒有看到牠。牠斑駁的褐色背部貼在珊瑚床上，正好成了最佳保護色。還有，牠7公尺長的身體，其中頸項就佔了超過 2 公尺，此時這個特點正好派上用場。在這個充滿浮游生物的海域，這個特點讓牠能夠伸頭接近獵物，但把龐大的身體留在距離2公尺的視線之外。短頸龍要從烏賊群底下上來時，先停一下，準備攻擊。牠的眼睛長在頭頂上，有助於使獵物維持在視線之內。牠開始緩緩的上升，用後鰭狀肢穩定自己，前鰭狀肢則高舉起來，準備隨時用力往下划水。等到移近烏賊時，牠的後鰭狀肢也舉起來了。這是牠攻擊的姿勢。

突然，烏賊群轉個彎，朝著短頸龍的方向游過來。母短頸龍等的就是這一刻——烏賊在水中是倒退行走，後方和下方是牠們的盲點。母短頸龍處在理想的位置。牠把兩雙鰭狀肢往下划，向前衝。就在與烏賊群交會時，牠的頭左右擺動，

> 短頸龍要從烏賊群底下上來時，先停一下，準備攻擊。牠的眼睛長在頭頂上，有助於使獵物維持在視線之內。雖然短頸龍的體積龐大，烏賊群卻沒有看到牠。

來一隻吃一隻。於此同時，烏賊四散奔逃，墨汁把海水染出一朵朵黑雲。這個交遇為時極短，但是等短頸龍脫出墨汁黑幕時，牠長長的扣針般的牙縫間，已掐著三隻烏賊。

短頸龍浮出水面，在吸一口空氣之前，頭先一揚，把烏賊吞進嘴裡。在此同時，牠看到一隻翼龍飛近水面。短頸龍趁翼龍捕魚時，把牠們從半空中攔截入肚，並非罕事，但幸好這一次，後者離掠食者遠遠的，很快的，短頸龍又溜回海面下。在準備另一次偷襲之前，牠先潛到海底，嘴巴插進一堆軟沙和石粒裡面。等嘴巴拉出來以後，牠向前游，沙子從牠的牙縫之間漂流出來。很快的，牠嘴巴

偷襲的掠食者：這頭短頸龍和多數蛇頸龍一樣，運用速度和突襲來捕捉獵物。牠的頭位於長頸的末端，換句話說，當牠頗小的頭部準備攻擊時，即將被捕的魚可能還沒看到牠巨大的身體和鰭狀肢。

裡就只剩下一堆早先挖起的石頭。這看起來很奇異，但是如
果要繼續牠獨特的狩獵方式，這個步驟是很重要的。和
所有的爬蟲類一樣，短頸龍需要呼吸空氣，然而如果
牠想潛得深，就必須犧牲浮力。石頭可以增加牠
的重量，幫牠減少想向上浮的自然傾向。壓
艙的石頭一旦就位，牠便又回去巡邏珊瑚
礁，尋找烏賊和魚。

　　巡視頭上數公尺的水域時，短頸龍看見一個新奇的身影從海上透射下來的光
影中穿過。那是另外一種爬蟲類，比牠小一些，但是做為獵物則嫌太大了。待牠
轉頭看，深水中出現了更多這種動物。很快的，上方的水域都是這種爬蟲類，有
上百隻分佈在淺礁床四周。短頸龍轉身放棄狩獵。牠遇到了每年來臨一次的大眼
魚龍（Ophthalmosaurus），知道此處多留無益。

　　大眼魚龍是出色的流線型海洋爬蟲類。他們的始祖是魚龍，起源於比恐龍還
早的侏儸紀早期。其他爬蟲類掠食者藉著划槳般的四肢追逐獵物，魚龍則發展出
長形像魚一樣的身體、光滑的鰭，和有力的新月形尾巴。藉著這種尾巴輕鬆的左
右擺動，讓牠們能夠在中世代海洋中毫不費力的來去自如，早在短頸龍之類的動
物出現之前，大眼魚龍就成為頂尖的掠食者。現在，雖然鼎盛時期已經過去了，
牠們要面對其他爬蟲類更尖銳的競爭，然而大眼魚龍仍舊是出類拔萃的一群，尤
其在每年的這個時候更為顯見。

　　大眼魚龍穿過藍色的海水，在珊瑚礁上追逐，探索礁床的同時，也給短頸龍
預留足夠的撤退空間。牠們定時浮上水面呼吸，然後再拖曳著水波潛回珊瑚礁。
大眼魚龍通常以小隊群居，彼此並無血親關係，在古地中海域獵捕魚和烏賊。牠
們獨特的大眼睛，是特別用來在深海或夜間尋找獵物之用。但是在夏季之初，母

獸群會離隊移居數百公里之外，聚集於文帝里席奇群島的淺海區域生產下一代。

在幾天之內，島嶼周圍的區域就可以看見不下於一萬隻的大眼魚龍，每一隻都大

腹便便。

魚龍不是卵生，這是牠們適應海洋生活的另一項特點。而是在海中胎生。如

果是像烏龜那樣，每年必須爬出海洋去埋卵，一定就會影響到魚龍的祖先在海中發展的能力。然而一旦演化成胎生，牠們便不再需要四肢，可以完全以目前這樣流線型的魚形模樣生活。

在文帝里席奇群島聚集的前幾個星期，母大眼魚龍先受精，在產道裡孵出小

小的卵。然後，當未來的母親還繼續捕獵採食時，寶寶則在牠們的體內成長，經由母親的血管取得營養和氧氣。最後，小魚龍長到太大，不適宜再留在母親的肚子裡了，這就是促使母魚龍游到淺海區去生產的動機。然而最重要的是，此時的小魚龍，已經大到足以自己求生了。生產完以後，母親就丟下小魚龍去自求生路，這也是爲什麼母魚龍要到淺海區來生產的理由：新生的魚龍雖然個子不小——恰恰超過50公分長——但如果是在開闊的海洋，仍然很容易受到任何掠食者的傷害。而且，如果要小魚龍追逐快速的海中烏賊和魚，其結果可能只有挨餓。可是在海床的珊瑚和海草之間，有很多地點可以藏匿，也不乏速度緩慢的獵物供牠們食用。

一抵達文帝里席奇群島附近，母大眼魚龍便盡快生產。雖然當地食物豐盛，但是成年魚龍很難在這裡捕獵。牠們不適應陽光浸透的淺水；牠們的捕獵技巧著重速度和耐力，比較適用於有充分追逐空間的廣大深海地區。淺水使牠們無力發揮所長。再說，擠在這個相較之下頗狹隘的空間裡，也讓牠們很難逃過較大

（左圖）母親節：六月中旬，大眼魚龍從古地中海來到文帝里席奇群島周圍的海域生產。每一隻母獸都懷著數個胎兒，將在淺海中生產，好讓寶寶們能在珊瑚中尋求庇護。一旦胎兒出生，母親就會離開這個區域。

125

的掠食者。日漸西沈，島周圍的靜水中擠滿了無數大眼魚龍。牠們追逐烏賊，魚鰭穿梭過海面，偶爾還跳出海水。

這裡是文帝里席奇群島中的一個典型島嶼。這整個區域經常要受東邊來的嚴酷冬季風暴侵襲，而且因為群島的大部分地區都地勢低窪，淹水已經是司空見慣了。經過百萬年的孤立之後，這個群島已經發展出一些可以適應定期性氾濫的動植物。最顯見的綠色植物是圓柱松，但是在這些針葉樹細窄的樹幹之間，大半地面都長滿了茂密矮小的羅漢松叢，這些小樹在世界其他地區看不到，它們擁有特別厚的樹幹，可以抵抗洪水的侵襲。羅漢松長得極度緩慢，有些只有2至3公尺高，可是樹齡已經超過200年。

此地的昆蟲種類也很特別，包括了一種大型的掠食甲蟲，專門在泥地裡尋找受困的海洋動物。很不幸，由於海平面一直在穩定升高，在幾千年之內，這個島嶼可能就會永遠消失於浪潮底下，其獨特的生態系統也將從此隨之不見。

此地許多較大的動物品種則沒那麼不尋常。本島是一個極大的喙嘴龍（Rhamphorhynchus）聚居地，這種紅臉的海洋翼龍在古地中海的海岸線十分常見。成年喙嘴龍完全依靠海魚維生，但是年輕的喙嘴龍也吃岸上的昆蟲。群島裡比較小的島嶼是翼龍理想的居住場所，因為牠們在這裡通常不會遇到大型的掠食者。夕陽下，成百隻喙嘴龍沿著老岩壁聚集，各成一夥夥聒噪的隊伍。牠們在岩石上爬來爬去，尋找合適的落足點，並用堅硬的小尾巴互相威脅。每年此時，聚居地的母喙嘴龍正準備產卵，牠們很快就會開始建造小窩巢，所使用的材料從廢棄的葉子到海草不等。雖然在大部分地區，喙嘴龍全年都會下蛋，可是在這座島上卻有一定的產卵季節，這和本島的獨特性有關。

> 在幾千年之內，這個島嶼可能就會永遠消失於浪潮底下，其獨特的生態系統也將從此隨之不見。

中世代海中怪物

一個多世紀以來，古生物學家發現，許多魚龍化石體內竟懷著小小的胎兒。這麼多年來，有將近一百副骨骸被指認出來，大部分都是來自德國南部靠近侯資馬登（Holzmaden）的一個發掘。在這裡，侏儸紀時期的魚龍完美的保存在一度是海床底的深層淤泥當中。大部分化石懷有一個到四個的胎兒，有的還多達十二個。

有相當長一段時間，這些化石被認為是同類相食的例證，因為相信這個，比相信這麼早的海洋爬蟲類能夠演化出胎生，更容易被人接受。但是所有的胎兒都是在體腔裡面，不是在胃裡面，而且牠們的骨骸形狀都十分完整，不像被半消化一樣的零亂不整。

如今科學家同意，魚龍一定是胎生，甚至有胎兒的化石才露出母親的產道一半。這並不是一個生產時刻正好被捕捉成化石的例子，而是母親在生產的過程中不幸死亡，其後屍體腐化時，在體內積聚的氣體，把寶寶擠出體外的結果。從侯資馬登的發掘，我們知道，魚龍出生時是尾巴先出來，和現代的鯨魚一樣，因為牠們是呼吸空氣的動物，如果嘴部先出來，就會被溺斃。

這種胎生的模式，並沒有造成母子間的緊密關係。事實上，有證據顯示，魚龍也會同類相食。由於在侯資馬登發現了許多母親和胎兒，甚至有人認為，這裡一定是個生產區，世世代代的魚龍都到這裡來生產，憑藉著群體的數量來保護自己免於掠食者侵害。

魚龍到底是在什麼時候開始停止卵生，我們並不清楚，但胎生的能力確實可解釋牠們為何演化出這樣滑溜似魚的形狀。既然不需要爬回岸上去產卵，牠們大可以讓四肢和身體都變成完全水棲的形式。

至於其他的海洋爬蟲類是不是胎生的，這個問題就比較不清楚了。在蛇頸龍和短頸類蛇頸龍的化石中，都沒有發現胎兒，而牠們發達的骨骼，可能就是用來協助把自己拖上岸的。然而，同時，牠們的四肢又都只是用於划水（不像烏龜保留了粗短的後腿，做為挖洞產卵之用），而且，我們到現在還沒有發現蛇頸龍和短頸類蛇頸龍的卵。更甚者，真正巨大的短頸類蛇頸龍——有可能重達數噸——要爬出海中，把自己拖上岸，可能不是一件小事。同時，其他海洋爬蟲類到底如何繁殖，到目前還沒有人知道，只是我們曉得，胎生的可能性是存在的。

這個美麗的德國化石明白顯示一隻魚龍正在生產。這無可反駁的證明，至少有一種中世代的爬蟲類是胎生的。

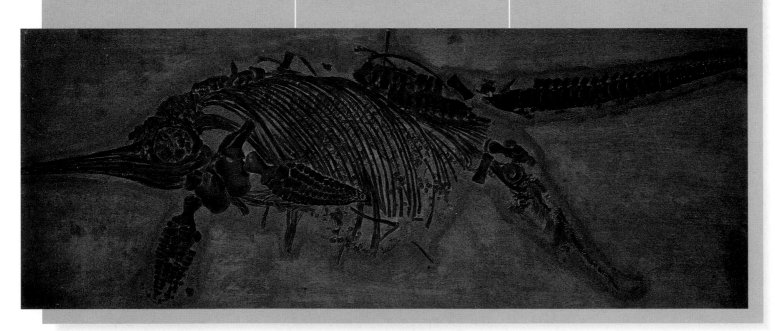

每年在一個特定的漲潮滿月之夜，成千隻鱟（horseshoe）會爬上海灘來交配、產卵。在這幾天之內，百萬顆珍珠般的微小綠色蟹卵便在淺沙下孵化，使海灘變成一個豐富的蛋白質來源。這是新生小翼龍一個重要的食物來源。

太陽終於沈落，平靜的海水看起來又深又黑。海岸上，兩個巨大笨重的身影從淺水中探出頭來，好不容易才把自己的身子拖上沙灘，短頸龍準備要出水過夜了。牠們必須用巨大的鰭壯肢，又拉又扭的，把自己拖出海域。但為了能夠安全的睡一晚，這番努力是值得的。因為黑暗的海水中有更大的掠食者，例如可怕的滑齒龍，牠們連一隻 7 公尺長的短頸龍都可以吞吃入肚。

（左頁圖）聚居地生活：沿著島嶼周圍可以發現幾處喙嘴龍的聚居地。這些地方多彩多姿、聒噪不休，尤其成獸忙著來去捕魚的時候。

又高又乾：一頭公短頸龍拖著身體上海灘過夜。雖然四隻鰭狀肢使牠能在水裡迅速優雅的行動，但是在陸地上卻顯得笨拙蹣跚。

腐肉大宴：一頭撿食屍肉的扭錐龍，正在清掃一個烏龜殼的內部。即使在牠聞到味道的時候，屍體大概都已經開始腐爛了，牠還是會把每一點剩肉都吃得光光的。

警告的呼嘯聲傳遍了喙嘴龍聚居地。幾隻成年喙嘴龍在掠食者頭頂上盤旋，又是撲翅又是尖叫的，想引開扭椎龍的注意力。掠食者偶爾也吼幾聲，但是絲毫不以為意——牠已經聞到空氣裡有食物的味道，餓極了。在尖叫聲包圍之下，扭椎龍經過了眾多翼龍蛋窩群集的岩岬，小心翼翼的步下岩石，來到另一邊的一個小海灣。牠的口水已經流出來了，在海灘的中央，有一隻大烏龜腐爛的屍體。扭椎龍彎下身子來，頭埋進半空的龜殼裡，使勁一扯，拉出一大塊肉來，開始大嚼特嚼。

在距離扭椎龍進食所在不到200公尺的地方，最後幾隻母大眼魚龍正在海面下生產。有一隻慢下速度，停止在珊瑚礁上的巡迴游動。當牠準備把大胎兒擠出來時，身體痙攣了幾下。牠下腹蒼白的皮膚底下，依稀可見寶寶皺巴巴的形體。

母親慢慢划到水面上呼吸空氣，然後一動不動的懸在那裡，讓身體準備好生產。牠扭動了一下，一小撮紅色的水暈從牠的陰道蔓延開來。隨後出來的是寶寶軟軟的小尾巴。母魚龍就維持這樣不動好一會兒，然後再次痙攣，而後轉身往珊瑚礁下潛。此時，牠身後瀉出一大泡血，和一隻嚇呆了的大眼魚龍寶寶。雌性的大眼魚龍寶寶立即游向水面，去呼吸牠的第一口空氣。牠還是隻雛獸而已，但是牠的母親再也不會扮演護衛的角色了。反之，成年大眼魚龍馬上就會加入一堆掠食者的陣容，很樂於捕食年幼的大眼魚龍呢。這隻寶寶運氣不錯，幸好牠母親很快就離開了生產區域，返回深海去重新加入魚龍群。

　　肺部飽滿以後，大眼魚龍寶寶潛下水，躲在珊瑚礁中間。牠只有大約50公分長，可以利用洞穴和海草輕易藏身。但即使有礁岩做掩護，也仍然不是完全無虞。這麼多的魚龍出生，已經引來了當地的一群古生鯊（hybodont sharks）。這些鯊魚掠食者此時正以大規模的陣勢在珊瑚礁巡邏，繞著生產的大眼魚龍遊走，從海面上就可以看見牠們有黃色尖端的鰭。雖然鯊魚不會去碰大體型的母親，卻常

躲迷藏：大眼魚龍寶寶快速又敏捷。仗著滿是利齒的喙，牠們可以在珊瑚的縫隙間捕食各種小獵物。

常趁新生兒連第一口空氣都還沒吸到之前，就把牠們獵捕到手。

就在附近離珊瑚礁不遠處，海水稍微深一點的地方，有另外一隻魚龍母親正在生產。然而，情況並不樂觀。雖然牠的身體一再痙攣，卻始終不見小尾巴的蹤影，寶寶卡在產道偏上方處。母親回到水面上呼吸，身體又發生另一波肌肉抽搐。此時血流出來了，但仍然生不出來。母魚龍顯然已經筋疲力盡，再度回到水面呼吸。

四隻鰭狀肢的問題

如同古代傳來的恐怖回聲，這副完整的滑齒龍骨骸，明白的顯示出這隻短頸類蛇頸龍的特徵：注意下腹的骨板，讓整個身體成為一個強力的彈藥盒。

只要瞧蛇頸龍的骨骸一眼，就可以看出，牠們一定有某種獨特的游泳方法，沒有任何現代動物可以與之比擬。雖然許多海洋動物都有鰭狀肢，但是沒有一種和這些海洋爬蟲類一樣，有兩雙同等有力的鰭狀肢。

從二十世紀早期開始，許多科學家就不斷研究，想知道這些鰭狀肢是如何運作的。最早期的詳細研究認為，蛇頸龍把錐形的鰭狀肢當做槳一樣划水。但這並不是很高明的游泳方式，而且如此一來，牠們也很難潛水。到1970年代，美國古生物學家珍‧羅賓森（Jane Robinson）研究鰭狀肢的肌肉，結論認為，這些鰭狀肢作用的方式，就像水底的翅膀，它們推動該爬蟲類在水中前進

的力量，正可比美今天企鵝或烏龜的鰭狀肢。最近的研究又發現，蛇頸龍無法把鰭狀肢舉到像上述動物所能的高度，於是，海獅便被舉出來，做為與之最為相符的例子，因為海獅是以一種類似往後划的方式在水中游動。

另外值得注意的是，蛇頸龍有很強壯的肌肉，可把鰭狀肢往下拉；但是往反方向划動的肌肉卻相當弱。這表示，當一雙鰭狀肢往下划時，另一雙鰭狀肢就會被動的往上移，如此形成兩雙鰭狀肢交互划水的循環動作。這種循環動作

可以讓蛇頸龍以平穩的速度前進，但卻無法突然加速。然而，這種爬蟲類也有可能把兩雙鰭狀肢同時一起運用——以有力的划水在水中上升，然後以被動的反方向下滑，依此在水中造成特殊的波浪形動作。

蛇頸龍的骨骸支持了這種理論。牠的鰭狀肢是附著在堅硬的身體上，背脊骨像弓一樣的彎曲，並利用強化的肋骨來固定位置。這可以讓身體承受雙倍划水的壓力，甚至還可能讓蛇頸龍單獨使用個別的鰭狀肢。

果真如此，那麼牠們就能夠順暢的行進，快速的轉身，而且也可以輕易的在水中上升。想想牠們曾在海中有這麼長久繁榮的歷史，身體的整體系統必定有某些適應的方法。

在底下看著牠掙扎的，是一頭完全成年的公滑齒龍，四隻鰭狀肢都擺出攻擊的姿勢。牠身長25公尺，體重將近150噸。每一隻鰭都超過3公尺，而且大嘴巴的末端有一圈短劍般的牙齒，能使獵物動彈不得。牠可能從150公里以外的遠處，被生產中的大眼魚龍吸引來此，因為滑齒龍有一套極端複雜的方法，可以在水中嗅到並追蹤獵物。

牠緩緩抬起巨大的頭，然後把四隻鰭狀肢往下划。向前衝時，一群菊石被震得搖搖晃晃，魚群也被吸力拉出珊瑚礁。滑齒龍血口大張，奮力往掙扎中的大眼魚龍身體中段咬下去。攻擊的衝力使牠的頭和獵物都蹦出水面，兩者在那裡懸空片刻，才被牠爆炸性的力量拉下水。在水花和血液飛濺之中，受害者立即死亡，身體被滑齒龍的長牙刺破，背部斷裂。滑齒龍調整癱軟的屍體在牠口中的位置，不斷的噬咬並搖晃。最後，屍體斷成三段，滑齒龍咬著前段浮上水面，把它往大張的粉紅色咽喉內部一扔，吞進了肚子裡。牠回頭撿起第二段屍體，重複前面的動作。與此同時，大眼魚龍優美的新月型尾巴迅速下沈，穿過珊瑚牆，掉到100公尺底下的海底。滑齒龍轉身追逐，但隨即決定放棄。

滑齒龍繼續狩獵，牠滑過水域，頭往兩邊輪流擺動，以偵查潛在的獵物。每划一下，牠巨大的鰭狀肢便興起許多水波，因此，只要很緩慢的划動，牠就可以讓自己以巡弋的速度往前進。只有在偷襲獵物的時候，這四隻鰭狀肢才會同時出動。

和所有的滑齒龍一樣，這頭公獸也有美麗的對比色，牠身體上有黑色的皮紋，下部則是白色的。但是牠已經老了，所以這些花紋已經不像過去那麼鮮明。牠的鰭狀肢和頭部，都佈滿了經常與其他滑齒龍交手所留下的深刻傷疤——只有這種海洋動物才會造成這樣的傷痕。而且，在海中多年，也給牠聚集了一身常見的「寄居客」。沿著牠的背脊，長著苔蘚蟲（bryozoan）、海葵、海藻、甚至珊

（下頁圖）從深海現身：一頭巨大的公滑齒龍準備攻擊一隻大眼魚龍。雖然魚龍超過3公尺長，但比起掠食者仍然相形見絀。運用四隻大鰭狀肢，滑齒龍能夠以驚人的速度轉身，追逐獵物。

瑚，而且還有八目鰻（lamprey）、水蛭，和蝦在其中覓食。牠的眼睛鑲滿了寄生蟲，但是這些牠都不在乎。無論如何，所有滑齒龍的鼻腔和耳朵，偶爾都會遭到嚴重的寄生蟲侵襲。這可能影響牠們狩獵的能力，最嚴重的時候，還可能使牠們根本無法獵捕任何東西，最後活活餓死。

隨著夜色降臨，上方的光線愈來愈暗，滑齒龍仍繼續出獵。100公尺下的珊瑚牆附近，滑齒龍的殘羹爲無數海底動物提供了豐盛的一餐。特別是在大眼魚龍的尾巴掉在海床上不到一小時之內，第一隻盲鰻（hagfish）就從暗處溜出來了。打從史上第一隻魚演化出來，這些無眼無色的清道夫就已經在深海裡收拾臭屍腐肉了，今天的牠們，和兩億年前一樣成功。只要上方的水域存在著像滑齒龍那樣的龐大掠食者，這些清道夫就會繼續旺盛生存。

朝不保夕的家
九 月 —— 生 存 競 爭

曙光初露，母短頸龍就被恐龍的氣味給驚醒。牠無意間引來100公尺之外海灘上一隻扭椎龍的注意。短頸龍才抬起頭，掠食者就已經向牠跑過來。短頸龍比恐龍大且重，除非牠顯然因受傷或疾病而露出衰弱的樣子，否則恐龍大概不至於眞的攻擊牠。但牠仍然心懷戒懼，以鰭狀肢能夠操作的最快速度，把自己拖進海裡。但掠食者甚至還沒有到達短頸龍原來睡覺的地方，就已經放慢了腳步。然後扭椎龍緩步向前，嗅一嗅短頸龍在沙灘上留下的凹陷痕跡。於此同時，短頸龍已經遠在海中，悠游過一群菊石了。

此時文帝里席奇群島周圍的水域，已經完全沒有待產的大眼魚龍的蹤影。母親們已經回到較深的海域，但是珊瑚礁之間充滿了牠們所留下來的小寶寶。由於有鯊魚、海鱷，加上偶爾的短頸龍出沒所帶來的危險，這些小魚龍當中，只有一小部分可能活到有幸享受牠們父母所在的廣大海洋。但是牠們也具有在岩石間求

生的適應力，大眼魚龍寶寶外表比父母斑駁，有助於在珊瑚間躲藏，而且，不同
於父母的是，牠們有突出的牙齒。完全成年的大眼魚龍有又長又細的優雅口鼻，
適合在快速游動時捕食小型柔軟的獵物。牙齒會增加重量，也會造成較大的阻
力。但是珊瑚礁提供魚龍寶寶更多樣化的食物，是牠們短齒的顎部比較容易處理
的。只要能夠倖存過危險的最初幾星期，魚龍寶寶就能藉著豐盛的海鮮食物，在
一個月之內增加兩倍體重。

　　在一片巨大的扇形珊瑚下面，一頭小公魚龍正在折磨一隻小菊石。牠不知怎
地竟能將這隻貝殼類動物困在角落裡，使後者無法逃到小魚龍比較不敢全力追趕
的寬闊海域。但是菊石已經把遮掩自己貝殼開口的蓋子闔上了，這是小魚龍無法
穿透的有力防衛。小魚龍試著把對方往岩石上擠，並啄著對方緊閉的蓋子。每一
次，菊石只是在珊瑚間蹦跳幾下，就又恢復上浮的姿勢。最後，小魚龍轉身浮上

拉起防線：當大眼魚龍寶寶迫近
時，鸚鵡螺把蓋子蓋住貝殼的開
口。蓋子後面有一對石灰化的板
子，可以拉在一起，形成幾乎無
法攻破的禦敵障礙。

水面去吸一口氣。回來的時候，牠發現菊石正緩緩的把自己扭出原先的珊瑚監獄。小魚龍逮住對方的一根觸鬚。菊石立刻縮進貝殼，又把蓋子關起來。然而，小魚龍不放手，菊石想拉回觸鬚，小魚龍卻跟著翻滾。最後，菊石脫逃，小魚龍只有嘴裡兜著一根小觸鬚，又回到珊瑚礁裡面。

文帝里席奇群島被古地中海延伸過來一條又長又深的500公里海溝從中間切開。就在距離海岸數百公尺的地方，海水深度從50公尺突然降到將近一公里。珊

天然屏障：大眼魚龍寶寶成長的期間，珊瑚礁的洞窟和隧道，是牠們躲避掠食者搜尋的理想藏身所。然而，只要幾個月，牠們就可以大到在開闊的海域中求生。

瑚礁點綴著海溝的邊緣，但是海溝底部除了一層厚泥，什麼都沒有，厚泥裡倒是住滿了類似盲鰻的生物，這些生物依靠上層亮麗海水掉下來的動物死屍維生。這正是準備生產的大眼魚龍所偏好的路線，現在也把其他淺海的海洋動物帶進海溝來。

海溝非常靠近島嶼，在其東邊，浩大的浪潮衝擊著露出海面的珊瑚礁。一隻扭椎龍站在這些礁岩上，無懼波濤，四處尋找死魚。牠停下來嗅一隻打碎了的菊石，愚蠢的背對著海洋站立。突然，一股巨浪從深藍的海裡興起，朝著恐龍打來。就在浪花爆開時，一張大滑齒龍的嘴巴自水中掀開，對準了扭椎龍的尾巴一口咬下去。恐龍翻滾起來，恐懼的尖叫，但是牠的命運已經註定了。巨大的海洋掠食者毫不費力的溜回水中，把倒霉的垃圾食客拖進了牠的終結所。不過幾分鐘的光景，滑齒龍又在海岸邊出現，但已不見了恐龍的蹤影。當滑齒龍偵查海面的時候，寬大

深海驚魂：一時大意，扭錐龍就在驚聲中被巨大的滑齒龍從珊瑚礁一口咬下海。

的鰭狀肢幫助牠在水中保持平穩。通常在水底很難體會牠整體的雄姿。但一旦出了水面，這頭掠食者真正的塊頭和力量便顯而易見。牠黑白兩色交雜的頭幾乎有4公尺長，嘴巴的長度只比頭小一公尺。在口鼻末端的一串牙如此之長，彼此間還互相交疊。這表示即使牠沒有把獵物全然抓好，只要瞬間一咬，也足以讓對方剖腸破肚。支撐這個恐怖構造的碩大頸項，強壯到可以把頭當作一項精準的武器來左右廝殺。

一會兒之後，巨型掠食者溜回海底，在珊瑚礁上緩緩移動，直到牠看見一隻有明亮紅白螺旋紋的菊石。牠的頭往旁邊一扭，把這隻大軟體動物從礁岩上摘下

（右頁圖）殺手陰影中：這隻公滑齒龍在侏儸紀海域中沒有敵手。身長25公尺，是掠食者中最大最兇猛的。唯一可能面對的威脅，是同類的另一隻公獸。

來塞到嘴巴後方，然後顎部的肌肉突然一用力，一堆貝殼屑遂四散而出。牠張口釋出菊石，檢查自己的傑作。然後顎部再度一咬，那隻大軟體動物就消失在牠的喉嚨裡了，滑齒龍轉頭離去，任由貝殼碎片慢慢地沈落在底下的珊瑚礁上。

海面上，一群翼龍對這一切全無知覺。牠們之前忙著捕魚，此時剛回到島上的窩巢。每隻翼龍每次只能捕一隻魚：雖然展翼時幅寬達2公尺，牠們的身體卻不到30公分長，因此一次只能裝一點點食物。在低窪的島上，喙嘴龍的窩巢是空的。過去幾天之內，所有的蛋都已經孵化了，每一隻小翼龍立刻開始撲翅，試圖飛行。牠們肚子裡的卵黃曾提供了一陣子養分，但現在牠們需要食物，卻又還沒強壯到可以自己捕魚。然而海洋即將為牠們全體提供足夠的食物，這就是為什麼牠們都是在這個特定的時候出生。在深沈的夜色中，海灘上有兩隻小小的、圓頂狀的動物身影，一隻騎在另一隻的背上，蹣跚的從浪潮中爬向陸地。牠們是成千對登陸的鱟裡的第一對，正準備要在白沙上交配。

此時海水正處於最高潮，隨著滿月上升，島嶼南邊和東邊的兩處長沙灘上，正擠滿了交媾中的鱟。幾隻在沙灘上過夜的短頸龍發現自己正被生命最古老的一種景象所環繞。鱟並不是真正的蟹；牠們其實比較類似海中的蠍子，是一種古老的動物，其祖先可以追溯到二億年前。牠們或類似的動物可能早在這塊陸地遭到洪水侵襲以前，就已經開始走訪這附近的海灘了。每年滿月時總有一次，牠們必須登上早在盤古大陸形成前就已存在的、久被遺忘了的海岸的潮水線。牠們從恐龍出現之前的那次滅種大災難中存活下來，而且也不受爬蟲類時代的影響。交配的儀式就這樣持續的進行，這是受到月亮圓缺所驅使，一種無法抵擋的原始慾望。

短頸龍並無意吃這些動物，因此牠們移往海灘上方，巨大的鰭狀肢把鱟撞得東翻西倒。月光下，閃閃發光的圓頂狀鱟殼擠滿了從一邊海岬到另一邊海岬的光

滑沙灘。在潮水線上，每一隻母鱟都挖了一個洞，產了數百顆珍珠般的卵在洞裡面。公鱟使它們受精，然後才放開配偶，回到海裡去。隨著愈來愈多鱟來臨，沙灘上的卵變得過度擁擠，有些母鱟開始挖開彼此的坑穴。

到早上，大多數鱟都已經回到海中。有一、兩隻掉在海灘上，可能是一夜的運動使牠們筋疲力盡或擱淺難行。有些倒翻了身子，無助的搖晃著懸空的尾脊。晨光也帶來了喙嘴龍寶寶，蜂擁在海灘上尋找食物。牠們大啖暴露在外的鱟卵，那些鱟卵沿著海潮的殘痕，形成一條凝膠狀的線。沙灘表層下還有成千顆更多的卵，有些翼龍就把沙土掘開來找。

海灘上的這些活動，把一隻在羅漢松樹叢裡獵捕蜥蜴的扭椎龍給引了出來。扭椎龍不理會身上沒什麼肉的鱟，而是大步跨過海灘，收拾起那些小翼龍來。很多翼龍都有辦法飛走，但是有一大部分仍然太嫩，要逃也爬得不夠快。沒多久，掠食者就一口一隻，滿嘴塞滿了細長的小屍體。太陽還沒有完全升起，扭椎龍就已經一肚子飽漲，然而海灘上依舊有小翼龍在那兒爬來爬去。

鱟卵正好給倖存的喙嘴龍提供所需——為牠們學習飛行和捕食的時期，提供易得的蛋白質。年幼的喙嘴龍依靠昆蟲和海鮮等各種食物維生，一直要到完全成年，才會成為捕魚的高手。這不但避免成獸和幼獸在狹小的島嶼上發生競爭，也可以免得喙嘴龍像許多爬蟲類常見的那樣，出現成獸吃幼獸的現象。

大約十月中旬，年輕的大眼魚龍就開始離開珊
瑚礁了。現在這些育兒所已經大功告成；許多
幼獸比剛出生時長大三到四倍。古生鯊仍然在

暴 風 雨 來 臨
十 月 ── 新 的 季 節

珊瑚礁附近出沒，但是此時大眼魚龍已經是夠強壯的泳將，有辦法逃離牠們。此
時大眼魚龍離開淺海正是時候，因爲暴風雨季節就要開始了。雖然侏儸紀的季節
改變只是氣溫上些微的變化，但是勞亞古陸廣闊的東部陸塊中央，確實會變得比
較冷。冬季降臨東部時，緊鄰的古地中海仍然全年溫暖。由這兩個地方的溫差，
即足以產生強大的暴風雨。

正當一隊大眼魚龍穿過珊瑚牆往深海水道游去之時，雲層也開始在天邊聚
集。遠處雷電的隆隆聲逐漸可聞，平靜的海洋開始轉成晦暗的灰色。這就是曾經
形成文帝里席奇群島的那種暴風雨。無法在這種肆虐中存活的動植物，就無法在
這些島嶼上居住。短頸龍往深海去求生，喙嘴龍則在圓柱松和羅漢松的樹幹上躲
避。翼龍特別容易受大風傷害。牠們輕骨架的身體無法在每小時100公里的暴風
雨中支撐太久，唯一的生機，就是緊緊貼住樹幹。

海灘上的浪潮開始漲高，白色泡沫在比較淺
的珊瑚礁上聚集。水色已經轉爲暗淡，淤泥和
流沙從海底捲起。雖然風雨開始的時候還是下
午，但濃雲卻已經使周圍像傍晚一樣黑暗。雨
水拍打抱在樹幹上的翼龍，波浪衝擊著羅漢
松，扯下針葉和石松，然後把它們拋在低矮的
樹枝上。在島上的最高點，一片狂風嘶吼中，
一隻扭椎龍緊貼岩石蹲坐著。牠以前就避過這
樣的風雨，雖然待在低窪的島嶼上很危險，但

育兒所的食物：一隻小喙嘴龍在
圓柱松樹皮上找蟲吃。幼獸的飲
食通常比成獸更富於變化。

是牠知道，此時泅水去找較大的避難所更不安全。

在海裡，浪濤捲過珊瑚礁，把海底生物拉來扯去。大部分黏得住岩石的，都可以抵擋波濤的實質效力，但是有那麼多沙被移來移去，等到風雨結束時，很多也都會被埋在土裡。有些像大型菊石類都緊貼著岩石，但其他的就隨著波濤浮沈，慌亂的想找一個著力點。

這場兇狠的暴風雨在淺海興風作浪了三天。等風雨結束，陽光再度溫暖陸地時，小島已經一片瘡痍。除了中央一塊大約半平方公里的地方，所有的矮灌木全部遭到大海的席捲，被沖成一大塊一大塊的腐爛枝葉。大樹底下堆積著針葉、海草、和奇形怪狀珊瑚碎片的混合物。沿著海灘，翼龍死屍和破碎的菊石及擱淺的魚交纏在一起。扭椎龍甩了甩身子，沐浴在熱帶的陽光下。不久，暴雨之後的微風把海灘上濃烈的氣味往南方吹。扭椎龍受腐屍味的誘惑，一路尋覓走過滿目瘡痍的島嶼。抵達海岸時，牠發現各種小屍體遍佈海灘，但是空氣中還有另外一股味道。牠再往上次發現腐爛烏龜的那個小海灣走去，穿過岩岬，那股新氣味的來源就更明顯了。

那隻尾巴浸在水裡、頭和前肢與一些羅漢松纏在一起的困獸，正是公滑齒龍。從大約150公尺外，扭椎龍就聽得到滑齒龍絕望吃力的喘息。牠的肺正被自己身體的重量所壓碎，偶爾嘴裡還發出一聲聲深沈的痛苦哀嚎。牠搖著頭，試圖移動鰭狀肢。羅漢松雖然支離破碎，滑齒龍卻被釘得牢牢的。之前風雨大作時，牠一定被搞得神智不清，才會擱淺在這裡。現在要爬回海裡，身體又嫌太重，牠活命的時刻已經不多了。不只牠的肺部在壓力下破碎，而且暴露於溫暖的陽光下，牠的體溫也在不斷的升高。

滑齒龍的肺腑深處又發出一聲低噪，嘴角開始流出血來。扭椎龍緩緩的躡足向前，牠可以嗅到巨獸垂死的氣味，可是如果愚蠢得過於接近對方強壯的頸部，

末日已近：暴風雨後，一隻巨大的公滑齒龍困在沙灘上。只要還活著，就沒有任何動物敢碰牠，但是等到牠的重量把自己的肺壓破以後，扭椎龍就會把牠撕扯入腹。

對方仍有能力把他咬碎或撕成兩半。恐龍停止前進，等待巨獸死亡，同時被那150噸重的肉臭燻得醺醺然。

雖然滑齒龍的情況慘重，但還是又等了四小時，牠的頭才終於頹然倒地不起。耐心的扭椎龍向前跨步時，注意到兩張有傷疤的灰色面孔，在往海灣這邊的浪潮裡浮沈——有更多牠的同類受到死亡氣味的吸引了。

此時，大概文帝里席奇群島的每一頭扭椎龍都被吸引而來。兩個新來者快快拖著身子離開海面。長泳之後，牠們都筋疲力竭，通常不敢挑戰在地的垃圾食客，但有了橫跨整片海灘的這堆肉山，平時面對腐屍的那套先來後到規矩已經無關緊要了，何況第一隻恐龍對兩個入侵者也漠然無睹。當牠在拉屍頭時，兩個後來者也撕著後鰭狀肢。

　　大型爬蟲類擱淺的情形並不少見，特別是在強大的暴風雨過後，但是如此巨大的一頭動物困在一個這樣小的島嶼上，倒是非常稀罕，島上居民脆弱的平衡系統，將會受到一段時間的影響。幾天之內，將可能有高達50隻扭椎龍簇擁在屍體周圍。只要還有食物，牠們就會留在那裡，爭吵、大吃，和交配，期間可能長達六個月。更糟糕的是，一旦屍肉消耗完畢，在另一股氣味把牠們吸引走以前，扭椎龍大概會把島上能抓到的任何東西都剝削一光。

　　到了晚上，已經有七隻扭椎龍在屍體的周圍或站或坐。牠們都已經肚飽腹漲，昏昏欲睡。附近的一處岩岬上，母短頸龍出水來過夜。牠抬起頭來嗅嗅風，發現自己的島嶼充滿了陌生的氣味：包括屍體升起的腐臭，掠食者發出的霉味，而最濃的，莫過於血腥的味道。滑齒龍的誘惑，可以讓短頸龍好一陣子免於受攻擊，但那些垃圾食客遲早會再開始狩獵。

　　很諷刺的是，短頸龍的救星可能必須是另一場暴風雨。這麼一大群扭椎龍無法在此地全都找到護身之處，其結果若不是被海浪沖走，就是必須游到其他地方保命。

　　離冬季結束還有好幾個月，幾乎可以保證，還會有另一次暴風雨降臨。這次，可能就會把滑齒龍的屍體沖走，回歸大海，而海中類似盲鰻這樣的動物，就會再度成為最後的贏家。

　　眼前，短頸龍只能躲開這些不受歡迎的訪客，等待東方天空的暴雨雲團再度聚集。

一億二千七百萬年前

巨無霸的
翅膀下

4

一 億二千七百萬年前的地球。白堊紀取代了侏

儸紀，全世界的大陸都在移動。從勞亞古陸一直到岡瓦納大陸，

一個新的海洋逐漸在展開，把未來的南美和它巨大的夥伴非洲劈

開來。海平面上升，而一度雄偉的盤古大陸塊，已經變得無法辨

認。氣候變得比較潮溼，而隨著大陸的各自孤立，大量新的植物

和動物也開始出現。

而或許，最顯著的新成員，不是另一個品種的恐龍；而是地

球上第一次出現了會開花的植物。百萬年來，植物用盡各種方法

來保護自己，以抵抗草食動物。現在開花植物採用了一種新策

略，長得快，繁殖得也快，而且在被吃了以後，也恢復得更快。

事實上，植物找到一個與草食動物共同生活的新方法。

同時，許多侏儸紀植物的毀滅者，亦即龐大的蜥腳類，則在

天空之王：一隻巨大的鳥腳龍毫
不費力的升空，憑著一股傍晚的
熱流浮在天際。有時只要拍撲一
次翅膀，便可以旅行超過50公
里。

逐漸減少，取而代之的，是比較小型的草食動物。特

別是直到不久前還不太成功的鳥臀目恐龍，現在卻佔草

食動物的大多數，牠們常以浩大的隊伍橫貫過白堊紀蒼翠茂

盛的景觀。

其他爬蟲類也在改變。古老的「長尾」翼龍已經消失

了，取而代之的是會飛的巨型海獸，其中某些展翼寬度可達12公

尺。這些巨大的滑翔怪物是翼龍進化的翹楚，而且類型變化之豐

富，更是無以比擬。過去牠們是空中唯一的霸主，但現在卻必須

騰出空間給競爭者——鳥類——這是一群新的、有羽毛的恐龍，

而很快的，後者即會證明，牠們是比翼龍更具適應力的一群。

雖然開花植物在白堊紀早期已演化出來，針葉樹仍持續稱霸地球景觀達百萬年之久。

截 然 不 同 的 世 界

白堊紀早期，陸塊運動從根本上重新造塑了地球上的生命。受到地表深層運動的影響，一條穿過歐洲和北美、南美和非洲，以及非洲和澳洲之間的火山稜線，開始劃開舊的陸塊。這一切地表活動，週期性的把海平面往上推，使得古地中海對東邊和西邊的陸地都造成氾濫，終於使北邊的勞亞古陸和南邊的岡瓦納古陸都形成孤立。在這些新的陸地，動物和植物都分化出新品種，產生出地方特性。

尤其是北方和南方的分野非常劇烈。在勞亞古陸，紅木杉和杉樹變得更常見，而且一種新的針葉樹：松樹，也蓬勃起來。至於南邊，古老的羅漢松和南洋杉繼續旺盛成長，其他種類的針葉樹則極少見。

隨著大陸的變動，全球氣候也有所改變，世界變得更潮濕。由於潮濕的極地氣候擴散開來，洋流穿過古地中海，便把小塊的潮溼微氣候帶到原先乾燥的赤道地區，造成了某些植物如蘇鐵的衰微，但是也使適合於沼澤、潮濕性環境生長的植物繁榮起來。特別是在白堊紀早期，第一次出現了會開花的植物。開花植物對植物和動物兩者所造成的影響無遠弗屆。花的出現，可以說是中世代最重要的一個演化成果。然而，當開花植物以小灌木的型態，初初在勞亞古陸的沼澤區出現時，一點也看不出它們後來會演變得如此成功。一直要到白堊紀晚期，它們才開始壟斷地球的植物相。

昆蟲也發展出新的和多樣的採擷植物的方法。蚜蟲和潛蠅（leaf miners）都出現在白堊紀早期。花朵的演化，和今天最大的昆蟲種類膜翅目（hymenoptera，蜂與黃蜂）的成功，是齊頭並進的。

其他地方，有羽毛的恐龍演變成鳥類，散佈到全球各地。鳥類最初主要是出現在湖泊地區，可能在茂密的森林也很蓬勃。由分生的羽毛所形成的鳥類翅膀，比起翼龍翅膀的延展性皮膜，更不易受到細樹枝和枝幹的傷害。

在恐龍當中，稱霸的族類有了鉅大的改變，尤其是在北部地區。劍龍類衰微了，但是其遠親的鳥臀目卻變得極度成功，成為白堊紀草食動物的霸主。首先出現的是禽龍類（iguanodontids），例如禽龍（*Iguanodon*），而後則帶來鴨嘴

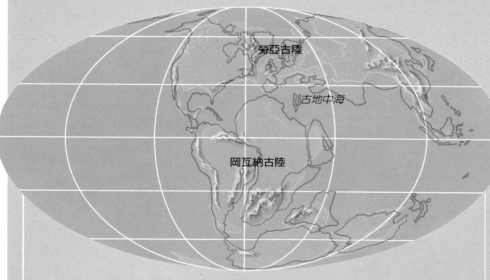

勞亞古陸

古地中海

岡瓦納古陸

大陸崩解：在白堊紀時期，全世界的主要陸塊繼續分解成比較小的大陸。這個崩解是由地表深層的運動所造成的，該運動使得地殼脆弱，製造出一條劃越歐洲與北美、非洲與南美、並繞過南非最南端的火山稜線。經過數百萬年，這個運動打開了大西洋，孤立了南極大陸，並將印度向北推移，和亞洲大陸碰撞。海平面上升把北美大陸分成兩半，讓古地中海得以分隔北邊和南邊的大陸。這個分隔，造成了兩個半球不同的植物相和動物相的微妙演化。

巴西的化石顯示，它蓓翼龍有一個像帆一樣的頭冠，比其頭骨高三到四倍。

類恐龍的興起，再其後是有盔甲的恐龍如釘背龍（*Polacanthus*），最後是有角的恐龍，這種有角恐龍雖然在白堊紀開始的時候並不存在，卻在這個時期的尾聲產生大批的獸群。在肉食恐龍當中，異特龍（*allosaurs*）開始式微，但是也被各種新的形式所取代。

馳龍科（*dromaeosaurs*）或稱盜龍類（*raptors*），是小型活躍的狩獵者，然而後來的暴龍科（*tyrannosaurids*）卻演變成巨大的肉食者。此外類似鴕鳥的恐龍，或稱之為似鳥龍（*ornithomimids*），是擅長快跑的雜食動物，也大約是在這個時候出現。在這個分隔的世界中，唯一表現不佳的族群，就是巨大的蜥腳類恐龍，除了在南美洲以外，牠們的數目急遽減少。

在溫暖的海洋中，侏儸紀的蛇頸龍消失了，不同的物種演化出來。這些新的、有四隻鰭狀肢的海洋爬蟲類，看起來和老物種非常相像，只除了有些把長頸項發展到更極致，例如軟骨龍（*elasmosaurs*），頸部有多達70塊的脊椎骨。

在海床上，身懷特長的掠食者出現了，牠們專門捕食海中充裕的定居性雙殼貝類，亦即藏身於兩片硬貝殼之間的軟體動物。蟹和龍蝦有強力的鉗子可以把貝殼打開。海星用手臂強行拉開貝殼，然後把胃部擠進去消化裡面的居民。最後，還有海蝸牛，發展出在貝殼上鑽小洞的能力，然後再把內裡的動物舔出來。難怪雙殼貝類也因此學會了穴居。

最重要的是，白堊紀早期是翼龍的全盛時代。較老的長尾品種消失了，很多都發展成巨大的滑翔動物。有的展翼寬度超過10公尺，而且具有特殊的設計，可藉由最細微的空氣流動升空。這些龐大的翼龍最特出的地方，不在於如何飛行，而在於如何停留在地面上，尤其是風大的時候。牠們的雙翼是一個覓食平台，負責掌握住一個小身體和一個大頭在高處不墜。

古生物學家的發現顯示，大多數翼龍，無論大小，是具有好幾種新奇的捕食技巧的海洋物種，包括有一種和現代的紅鶴一樣，是利用喙上面的梳子來過濾式進食。然而，這也有可能只是化石紀錄所造成的偏見，因為纖弱的化石幾乎總是在湖和海的附近區域出土，極少發現於容易受侵蝕的高原地區——我們必須再度強調，缺乏出土證物，並不證明某種動物就不存在。

饑餓的美人：海星是活躍的掠食者，擅長捕食蠔之類的軟體動物。牠們扳開獵物的殼，把胃塞進去，就地將裡面的動物消化掉。

黃蜂是膜翅目昆蟲的一種，其發展似乎和開花植物的演化有十分密切的關係。

針葉樹稱霸爬蟲類時代，但是一直要到白堊紀才有松樹演化出來。雖然隨著開花植物的興盛，不少植物種類都滅絕了，但是松樹仍然繼續繁衍。

漫 長 之 旅 開 始

在 波 勃 里 瑪 的 尖 端

在波勃里瑪（Borborema）的北邊海岸，一個巨型花崗岩的露頭岩脈向深藍色的海洋突伸出去。雨水加上數千年來的海潮撲打，把這塊黑色岩石雕琢出一系列巍峨的尖柱，恰好林立在一條長海岬的末端，從遠方即清晰可見。而近看更是令人嘆爲觀止，成百根小尖柱矗立在較高的地脈上，而這些地脈又形成高峰，向上空突起60公尺。岩石縫隙各處羅列的大噴水孔，不時把海水射上尖柱之間，而浪潮沖進其下被侵蝕形成的隧道和洞穴，更不斷發出單調的轟隆聲。

恐 龍 的 第 二 春

自十九世紀以來，大多數化石都是出土於北美和歐洲，但是現在其他大陸的新挖掘對現狀提出挑戰。有一度，蜥腳類被認爲在白堊紀早期幾乎全部消失蹤影，但近期的研究顯示，牠們繼續在南美洲蓬勃生長。在中國的研究則證明早期的鳥類是如何的成功生存，而非洲的挖掘可能證明，曾有足以讓暴龍相形見絀的巨大肉食動物存在。關於本章動物的證據，主要都是來自美洲和歐洲，但是每一種都代表了一群於白堊紀早期出現並成功發展的物種。

鳥腳龍

極巨大的海洋翼龍，可能有能力長距離遷移。龍骨狀的長喙，可在飛行的時候捕魚。

證據：在歐洲和南美有無數的殘片發掘，大部分出土於巴西的「桑塔那岩層系統」（Santana Formation）。不同的發現起初被指認為不同的物種，造成巨型翼龍名稱的混淆。許多人建議了許多不同的名稱，但是鳥腳龍（最早期發掘所給予的名稱）很可能成為最後定案。對於這種翼龍巨大體型的估計，是基於幾個在「桑塔那岩層」和歐洲發現的翼指殘骸。

大小：最大展翼寬幅12公尺，但是身體全長僅大約3.5公尺。鳥腳龍的重量很難估計，但就其體型來說，幾乎可以確定是極度輕量級，因此，頗有可能只有100公斤在

右。頭部大約1.5公尺長，以四足站立的時候，應該大約是3公尺高。

食物：多半是魚和烏賊。

時間：大約一億一千萬至一億二千五百萬年前。

它蓓翼龍

中型白堊紀翼龍，頭部有一個巨大的展示

冠。住在湖邊和內陸海，可能是緩慢的飛行者，不會做長途旅行。

證據：桑塔那岩層有保存完美的骨骸。

大小：展翼寬幅大約5公尺，身體大約1公尺長。雖然頭部只有30公分長，但加上頂上的冠，則足足有三倍長。

食物：多半是魚類。

時間：一億一千萬至一億二千萬年前。

禽龍

群居的草食恐龍幾乎在每一個大陸都有發

阿 帕 拉 契

克努比亞

坎他布里亞

早期大西洋　　*古地中海*

波勃里瑪

我們認爲，鳥腳龍的遷移路線，是穿過大西洋到阿帕拉契，然後順著海岸線抵達克努比亞島（今天英國的康瓦爾郡）和坎他布里亞島（今天的伊比利半島）。

已經接近傍晚，溫暖的冬陽在水上投射出一條橘紅色的光。一隻孤獨的翼龍出現了，牠毫不費力的隨著緣浪而上的氣流滑翔，一波跟著一波，完全看不出兩翼有任何動作。等到飛近了，才清楚看出這是一隻鳥腳龍（Ornithocheirus），上部呈淺灰色，黑色斑點形成的圖案點綴著整體的輪廓，黃色長喙的末端有一個寬大、龍骨似的冠狀體。然而，關於鳥腳龍最特出的一點，可能就是牠的體型。牠是世界上最大的翼龍，從一邊翼端到另一邊翼端長達12公尺——真正是空中巨無霸。

當鳥腳龍抵達露頭花崗岩脈，氣流正好往上升，掃過岩石。突然，那些小尖

現，但是體型最大、有特出長拇指尖刺的，則僅盛產於歐洲。禽龍以四足走路，但必要時能以兩腿奔跑。

證據：從蒙古到美國中西部都發現了無數的骨頭和足跡。最著名的品種勃尼沙特禽龍（Iguanodon bernissartensis）是從比利時勃尼沙特（Bernissart）附近的礦坑發掘的幾具骨骸中指認出來的。

大小：最大的品種可長到約10公尺長，站立時臀高近3公尺，體重大約7噸。

食物：大多數大型植物都吃，蘇鐵、針葉類、蕨類，且吃得到離地5公尺高的植物。

時間：一億至一億三千二百萬年前。

猶他盜龍

可能是馳龍科中最大型的，特色是每隻腳上都具備了可怕的鐮刀狀趾爪。非常成功的肉食動物，可能成群出獵。

證據：在靠近猶他州莫阿勃（Moab）地方的道頓威爾斯採石場（Dalton Wells Quarry）有一項發現；但由於美洲和歐洲在白堊紀時期很接近，很可能猶他盜龍在這兩個大陸都曾存在過。從南美洲的新證據顯示，盜龍可能可以長到比原先估計的還大。

大小：約6.5公尺長，站立時約2公尺高。成獸體重近一噸，腳趾爪大約30公分長。

食物：可能專長攻擊大型草食動物。

時間：一億至一億一千二百萬年前。

釘背龍

全身重盔甲裝備的草食動物，臀部有厚厚的骨板，沿著身側長著脊骨，肩上有長長的尖刺。雖然可能是獨來獨往的動物，但是常常和禽龍群一起採食。

證據：在南英格蘭，特別是維特島（Isle of Wight）發現了三副殘骸和許多骨板。

大小：大約4公尺長，臀高1公尺，算是相當小的草食動物，但仍有達1噸的體重。

食物：可能不太挑食，但專門吃地面的植物。

時間：一億一千二百萬至一億三千二百萬年前。

伊比利亞鳥

一種保存了恐龍特色的小型鳥，喙部有牙齒，翅膀有指爪。這種有羽毛的強健飛行者，可能住在森林裡面。

證據：在西班牙拉斯歐亞斯（Las Hoyas）的湖水沈澱物中，發現了一副保存完整的骨骸。

大小：展翼幅寬大約20公分，重約幾十公克，約莫是一隻金翅雀的大小。

食物：雜食，捕食其體型有能力處理的任何高機能性獵物。由於骨骸是在湖水沈澱物中發現的，顯示水棲甲殼類動物可能是牠攝食的一部分。

時間：一億一千五百萬年前。

柱當中爆出生命。原來這裡是一群它蓓翼龍（Tapejara）的家，牠們是一群長相非常華麗的海洋翼龍。雖然塊頭並不小，但是當鳥腳龍從上方騰空飛過時，卻使牠們相形見絀。鳥腳龍只吃魚，對它蓓翼龍並不構成威脅，但是它蓓翼龍很容易大驚小怪，鳥腳龍的出現搞得牠們很緊張。露頭岩脈的後方有一片開闊的平台，鳥腳龍在這裡減速，懸空了一會兒之後，才笨拙的雙腳落地。那一剎那，牠看起來只是肢體和膜皮擠成的一團醜陋東西，然後牠收縮了一下翅膀，翼部的長指頭

摺到背後，調整出一個比較舒服的坐姿。牠回頭，淺藍色的眼珠望望自己為它蓓翼龍所帶來的一片混亂，然後發出一長串震耳粗糙的啼叫聲。

鳥腳龍是流浪者。全球各個角落，從勞亞古陸東北部到岡瓦納古陸住西南部，都可以找到這種動物的蹤跡。甚至在盤古大洋的中央，都曾經有所發現，雖然牠們通常比較喜歡待在靠近陸地的地方，以防萬一遇到暴風雨。和所有巨型翼龍一樣，鳥腳龍是掌控氣流的高手。雖然能夠撲翅飛行，但是牠整個身體的構造，是專為利用氣流而設計的，可以在最不花力氣的情況下維持浮翔的狀態。雖然體型龐大，鳥腳龍的體重卻不到100公斤，大部分骨頭都是像紙一般薄的細管，好讓力量極大化、重量極小化；有的骨頭裡面還充滿了空氣。翼膜張開可覆蓋將近20平方公尺的面積，佈滿了微小的肌肉纖維，可以幫助牠控制飛行時的翼膜形態。這一切都提供鳥腳龍極佳的升空條件，牠盡可能避免拍翅，終其一生都在尋找從地面上升的暖流。然後，靠著這些「熱流」，牠可以飛起來，慢慢盤旋上升，達到4公里以上的高度。在這種高度，鳥腳龍可以不費任何精力的滑翔將近50公里的途程，再尋找其他熱流。

休歇的鳥腳龍底下，那群它蓓翼龍逐漸平靜下來。這個聚居地有大約1000隻成員，巨無霸翼龍所看到坐在尖柱上的，大部分都是公的。完全成年的它蓓翼龍，展翼寬度大約5公尺，以魚為主食，雖然常在海上捕獵，但是到附近礁湖裡尋找被沖刷上來的腐肉，也是牠們的專長。這種翼龍最獨特的地方，就是華麗的頭冠。公的它蓓翼龍由骨頭和角質素形成的那片硬帆，從喙的前方突起大約一公尺高，交配期會漲

（左圖）不受歡迎的訪客：一隻老公鳥腳龍飛越波勃里瑪島北岸的它蓓翼龍聚居地，雖然沒有侵害的意思，但光憑其龐大體型，就足以引起恐慌，只見底下一片紅色的頭冠凌亂聳動。

成紅黑兩色。這個冠狀體大到對它蓓翼龍的行為都產生了深刻的影響。牠們是很緩慢的飛行員，風大的時候，整個聚居地的它蓓翼龍會一致向風，以免自己被逆風吹走。

雖然這些冠狀體好像大到礙手礙腳，但是到交配期要展示魅力時，大小確實很有關係。此時正是它蓓翼龍的交配季節，每一隻公翼龍都搶著要佔據一根尖柱的平頂，然後在上面搖頭晃腦，耀武揚威。愈高的尖柱，愈多翼龍要搶，因為母翼龍會在露頭岩脈上方盤旋尋找配偶，處於愈顯著位置的公翼龍，機會就愈大。因此，為了這些展示用的小舞台，公翼龍之間競爭非常激烈。比較老和最年輕的它蓓翼龍，常常不得不將就著使用貼近噴水孔和靠近海浪的地點，這些地方，不只很難引起母翼龍的注意，還可能在展示的半途就被浪潮沖走。

日落前，母翼龍盤旋空中，此時的波勃里瑪露頭花崗岩脈是一片壯麗的景象。整個露頭岩脈上方是一片瘋狂的展示狂大會——每一根暗色的尖柱上，都點綴著一隻黑色的它蓓翼龍，一邊閃動亮麗的冠，一邊發出刺耳的啼聲，那啼叫在底下浪濤的轟隆聲籠罩中，依然清晰可聞。母翼龍對尋找配偶一點也不著急，公翼龍除了繼續展示魅力，還要隨時提防競爭者可能找機會把牠推下好不容易選中的尖柱。這個景象大約持續一個鐘頭，直到日落給周圍籠上一層黑幕為止。它蓓翼龍是屬於白天的動物；在沒有色彩的環境裡，牠們沒有辦法產生作用。當黑夜降臨，每年這個時候將大半時間都花在覓食的母翼龍，便在懸崖較遠的地方降落，離展示區遠遠的。同時，公翼龍緊守住牠們奮鬥搶得的尖柱。然後，整個聚居地陷入一片寂靜。

十二小時以後，當太陽再度升起，成百雙綠眼睛睜開來，瞧見了牠們競爭者的紅冠。公翼龍立刻再度開始展示。還要再等一段時間母翼龍才會升空，但是公翼龍是因為看到了顏色，便本能的發出反應。一隻公翼龍開始提振頭冠，周圍的

公翼龍就馬上跟著反應。很快的，一波波紅冠便在聚居地閃爍起來。

　　一隻公鳥腳龍在晨光中梳理自己，看起來很可怕的牙齒小心翼翼的刷過腹部淺灰色的毛。牠已經沿著岡瓦納海岸向北飛行好幾天了，此時將利用露頭花崗岩脈做為熱流跳板，繼續前往古地中海的旅程。交配季節接近時，牠尋常無目的地的漫遊便變得有目標起來。鳥腳龍可能隨意遨遊地球，但是只在坎他布里亞島（Cantabria）交配，該島在波勃里瑪北方約3000公里處。這隻公翼龍很老了，大約40歲，在坎他布里亞島渡過第一年的歲月以後，後來又重訪過那座島嶼約莫20

正面交鋒：兩隻公它蓓翼龍在波勃里瑪島的岩石上對峙，互相爭搶地表露頭岩脈上的一個尖柱頂峰。雖然吵起來又大聲又兇狠，但是敵手之間很少真的發生身體接觸。

偉大的滑翔巨龍

飛行是一種極度專門化的活動，例如蛙、蛇、和某些特定的哺乳類動物，偶爾在需要從一棵樹移到另一棵樹的時候，會訴諸飛行，然而，那也只是一種接近滑翔的動作而已。全職的飛行者，例如鳥類、昆蟲，和蝙蝠，通常都是拍翅飛行者，有能力做有動力的飛行。因此，翼龍在一開始的時候演變成小型的拍翅飛行者，數百萬年以後卻又發展成巨大的滑翔者，便會令人覺得頗為奇怪。我們只能解釋，他們的滑翔，或許並不是我們今天所能想像的方式。巨型翼龍仍然能夠飛往任何他們想要到達的地方——只是放棄了拍翅的需要而已。與他們最相近的現代動物，大概要算鸛了，但即便是鸛，要比起鳥腳龍的成就，仍然是相差太遠。

滑翔的能力，取決於一種稱為翅膀承載量的特點，換句話說，就是翅膀面積與動物體重的比例。鳥腳龍具有相當於一架小型飛機的翅膀面積，然而由於中空的骨架和很小的軀幹，牠的體重大概比一個人還要輕。最優良的滑翔機設計，每下滑一公尺，可以往前推行4公尺，巨型翼龍的表現，可能比這還要優秀很多。加上能夠以非常緩慢的速度下滑，牠們也有辦法抓住任何向上的氣流，然後很快的上升。如果你知道自己所要找的，那麼在鄉間任何地方，都可能找得到上升的氣流。空氣有可能遇山坡或懸崖而往上推，也可能在受到太陽的熱氣加溫以後，沿著向日的斜坡或地面的暗塊，產生上升的熱流。翼龍可能會刻意尋找堆積的雲層，因為那正是上升熱流的確定指標，然後利用熱流，牠可以上升達到5公里的高度，如此便能夠毋需拍動一次翅膀，就飛行超過50公里的旅程。

即使是在水面上，有經驗的滑翔者，也會利用浪潮上的空氣的流動，以最少的努力，就能保持自己騰空不墜。

鳥腳龍的展翼幅寬約達12公尺，有大約20平方公尺的面積可用來捕捉上升的氣流，再加上輕盈的身體，使其成為高超的滑翔者。

有研究認為，起飛和降落可能比較是個問題，翼龍可能必須跳出懸崖以便飛起。但是，以牠們巨大的翅膀所能提供的提升力來看，一陣微風，應該就足以使牠們起飛了。

雖然牠們作了種種犧牲以求減輕重量，卻仍然具有碩大的頭部，和又長又壯的腿。牠們的大嘴喙生在長頸的末端，如果要在飛行時獵捕食物，特別是魚，這可能是很必要的。腿顯然是用來走路的，但可能在無風的日子，如果牠們要藉著幾次拍翅來起飛，腿也可以做為跳躍之用。在牠們之前和之後，地球再也沒見過這麼登峰造極的滑翔者了——這是一種透過移動的氣流來看世界的動物，氣流就像電梯或輸送帶一樣，帶牠們到任何想去的地方。

新型式：在白堊紀早期，短尾翼龍取代了長尾翼龍的品種，翅膀的形狀變了，也開始長得更大。

次。如今牠已經早過了交配的高峰期了，但是每隔兩年，牠仍然會受慾望的驅使，回去和其他公翼龍爭奪交配的權利。雖然還沒有任何外在的徵兆，但是過去幾個星期，牠的身體已經有所準備。很快的，牠也會開始顯現明亮的交配色彩；最顯著的，就是牠的冠狀嘴喙會漲紅起來。

牠等著，看著它蓓翼龍誇張的交配展示，同時朝陽在天際愈爬愈高，露頭岩脈周圍的熱流也愈來愈強。上午過了一半時，牠後腿一蹬，伸開兩臂和長長的翼指，把翅膀展開。幾乎在此同時，牠往微風傾身，跳離花崗岩台。一切都很完美——牠立刻開始往上爬升，旋出一個小圈，然後愈升愈高，離開了在遠處底下聒噪的它蓓翼龍。在更遠處的海岸上，其他的大翼龍也騰空而起。最後，當上升的氣流開始減弱時，鳥腳龍脫離翼龍群，開始再度向北滑翔。

海上沒有熱流，但大翼龍仍能飛越廣闊的海洋。如果鳥腳龍不能從一個島飛到另一個島，或者藉一股高漲的海岸熱流一口氣飛越海洋，牠就會利用海面所能提供的條件。鳥腳龍可以隨海浪的順風面飄起，保持在一個相當低的位置，運用所謂的「地面效應」——在身前和身下擠壓出一股空氣墊，幫助自己維持浮翔。另外也可以利用海上的風力升降率作用飛行。依照這個升降率與水面摩擦的結果，愈靠近海面處，速度就越慢。貼近海面飛翔的鳥腳龍，可以爬到風速較快的氣層，這種層層上爬，可以把牠繼續送到更高處，直到牠失去動力為止。然後，牠再對著風的某個角度滑下來，以累積速度，並重複整個過程。這一切表示，在順利的日子裡，鳥腳龍可以飛越500公里的旅程，而僅有在起飛的時候撲動過一次翅膀。

> 在順利的日子裡，鳥腳龍可以飛越500公里的旅程，而僅有在起飛的時候撲動過一次翅膀。

暴風雨的避難所
阿 帕 拉 契 海 岸

在這個令人煩躁的熱天，鳥腳龍正在離海岸不遠處捕魚。牠低低的飛在浪潮上，尋找銀色的魚影或水面擾動的跡象。長喙離水面很近，一看到動靜，就趕快把喙插入水中，一與獵物接觸，便馬上闔上嘴。牠用這種方法把魚咬在長而尖銳的牙齒中間，然後頭往後一仰，魚便落進喉袋，甚至在魚還沒有抵達胃部之前，就開始消化了。牠喙上面那個龍骨般的冠很重要，因爲把嘴伸進水中時，冠可以幫助喙保持直線前進。對於這類需要謹慎維持平衡的獵者來說，與飛行方向不一致的傾斜力，可能會造成極大的危險，不是引致落水，就是會造成頸部受傷。

鳥腳龍觸到一隻烏賊。當牠把烏賊咬出水面時，烏賊的觸鬚扭動，身子漲成深紅色。然後，才一轉瞬，烏賊就不見了，加入翼龍喉袋裡的魚湯。鳥腳龍轉向海岸，開始拍翅。魚餐增加的重量，顯然阻礙了牠平常輕鬆的滑翔。當牠終於慢慢的爬上附近的岩壁時，顯然炎熱也對牠造成了影響。牠的雙翼比平時蒼白，顯示牠已降低了對翼膜的血液供應。有這麼多的表面積暴露在太陽下，對這些大型動物來說，過熱是牠們最大的問題之一。減少通過翅膀的血流量會有幫助，而且，有蒼白色的細毛也是一項長處。牠全身各處的氣囊，也可以幫助內部器官散熱。然而，氣溫高的時候，牠就無法飛行或捕獵太久，必須在中途尋找避蔭。比較小的翼龍可以往翅膀上潑水迅速涼快下來，但是對龐然大物的鳥腳龍而言，則不是那麼容易。

鳥腳龍在一處長海灣的盡頭著陸，那是個受到嚴重侵蝕的砂岩崖頂。收起雙翼以後，牠輕輕的搧動巨大的翼部手指，在身體周圍製造一股涼風。此地位於阿帕拉契的最南端，比起波勃里瑪，鳥腳龍和自己的繁殖地又拉近了數百公里。暗紅的交配期顏色正開始染上牠冠狀嘴喙的邊緣。牠很緊張——壁崖後面的區域是

茂密的蘇鐵和蕨類樹林，可能隱藏了各式各樣的掠食者。在森林外遙遠的某處，牠聽到了巨型草食動物群的騷動。

海灘遠方盡頭是一個河口。河海交會處，旋轉的渦流把沙子帶到一個長沙洲。沙洲兩岸，茂密的矮蕨類叢和繁盛的河岸植物取代了蘇鐵。當鳥腳龍從高地的位置觀看時，一隻成年母禽龍從蕨類叢中走出來，步向海灘。牠大約6噸重，約莫7公尺長，是這個極成功動物中的好例子。背上褐色和白色的線條，說明牠是一頭阿帕拉契禽龍，但是牠的親戚在許多大陸都找得到，而且有時是數千隻群聚一起。

母禽龍轉身用後腿站立，直立起來時，全身高度大約5公尺。牠吼了一聲，然後走向河流。很快的，其餘的獸群便從森林邊緣出現了。牠們一隻一隻的列隊

走向海灘。這些四腳著地慢慢移動的獸隻，體型差異極大，從2公尺長的幼獸到8公尺長的老公獸，尺寸不等。年輕的小獸用兩腳小步跑，試圖跟上成年的獸隻。所有禽龍都能以兩腳行走，但是成年獸隻只有在逃跑的時候才會如此做。和年輕獸隻不一樣，成獸多半時間都是以四腳行走，邊走邊採食。有些比較大的禽龍會離開群體，獨自走在比較外圍的地方。這麼做的原因不得而知，有可能是為了危險時可以提早發出警告，或者是因為牠們比小獸不易受傷害，不需要獸群的保護，且在群體之外，又可以有較佳的植物選擇。不久，單排隊伍變成了一堆白褐條紋交錯的軀體，隨著步履向左右微微搖擺。

禽龍獸群來到海灘，因為這裡的河水最淺，而對面河岸有一大片蒼翠茂盛的草原可供採食。隨著愈來愈多獸隻過河，河口被急遽的攪動起來，淤泥開始溶解。很快的，比較小的獸隻便碰到了麻煩——牠們沒有足夠的力量把腳拉出流沙。幼獸憂苦的嘶鳴響徹雲霄，成獸也奮力把腿跋涉過黏人的泥沼。然而獸群依舊向前行進，彷彿對愈來愈多幼獸淹死視而無睹。大約花了一小時的時間，整隊獸群才全部過河，到最後，有大約一打左右的小禽龍陷身沙中。隨著河流把海灘撫平，消滅了獸群過河的痕跡，那些幼獸也慢慢的被流沙所掩埋。

其餘的獸群走向繁茂的氾濫平原。禽龍是適應力超強的草食動物，這也是牠們之所以興盛的部分原因。牠們有一個寬大角質的喙，可以咬吃低矮的植物，或啄食較高的灌木和樹木。和其他恐龍不同的是，牠們嘴巴的後部發展出成排的牙齒，可以咀嚼。既然能咀嚼，即表示植物在進入胃部以前，就先被處理過，加速了整個消化的過程。禽龍的手也是一種適應奇蹟。有一層肉墊把牠們中間那三指包在一起，為前肢提供了一個強壯、可以承重的基礎。這對這個物種特別重要，因為牠們很多時候都是以四足走路。牠們的小指離地，具有高度彈性，有助於抓取食物。最後，還有大拇指上發展出一根長長的尖刺，在抵禦敵人時，便成為一

（左頁圖）在黃昏夕陽下，阿帕拉契禽龍停下來喝水。這是一隻完全成長的母獸，長長的防禦用拇指尖刺歷歷可見。

（下頁圖）驚聲雷動：禽龍沿海灘尋找新的採食草原。成獸緩慢移動的時候，通常以四足走路；但必要時，可以起身以兩足奔跑。

項可怕的武器。

獸群對氾濫平原造成深刻的影響，牠們要不吃光，要不就踐踏了所有的植物。事實上，有明顯的跡象顯示，這群禽龍或類似牠們的某群動物，曾經來過這裡。平原上是以一種稱爲始鸛（Protoanthus）的灌木爲主，這種植物十分特別，因爲莖上面長著小小的白花。花朵和開花植物是最近才演化出來的，只有在赤道

咀嚼，或不咀嚼

自從動物第一次脫離海洋，爬上陸地，植物（尤其是比起肉類）便一直是一種難以利用的食物。植物充滿了無法消化的纖維素，常常又有盔甲似的樹皮或荊棘保護，而且往往會產生各種毒素，以驅走草食動物。

在數百萬年的歷史當中，動物必須不斷展示無窮的適應力和創新方法，以克服植物的這些防禦手段。最後，動物的胃必須變成複雜的處理機，以便從頗無指望的物質中吸取營養。侏儸紀的巨無霸蜥腳類之所以成功，就是因為牠們的胃是一個巨大的含石塊發酵桶，牠們並沒有對食物做任何準備工作，使之有助於胃的消化。

在白堊紀早期，包括禽龍在內的鳥腳類（ornithopods）恐龍群，把食物處理又往前邁進了一步。牠們學會咀嚼。禽龍的頭骨顯示，牠的前方有喙可以割咬食物，後方則有成排的牙齒可以剪斷食物——和現代的食草哺乳類動物（例如馬）的口齒配備很相似。

雖然聽起來很理所當然，但是多年來，恐龍如何咀嚼的問題，一直困擾著科學家。要能咀嚼，你必須要有面頰——否則食物會從嘴巴旁邊掉出來。譬如鱷魚、蜥蜴，和烏龜，就沒有顏面肌肉；哺乳類動物特別具有一個極富表情的、肌肉發達的臉，而面頰正是臉部構造的一部分。

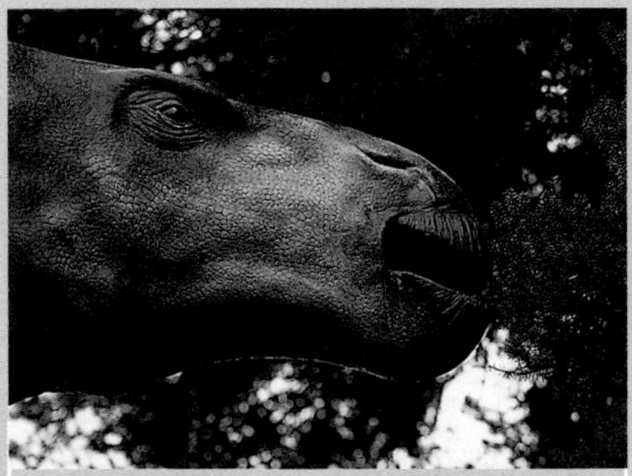

為了能夠咀嚼，禽龍一定要有面頰——否則食物會從嘴巴旁邊掉出來。這個問題困惑科學家很多年，因為沒有一種現代的爬蟲類有面頰。

總之，禽龍的頭骨顯示，其牙齒是長在顎骨的內部，雖然外面只有長在兩顎之間的皮膚覆蓋，但卻保有類似面頰的空間。

第二個問題，就是顎部的研磨動作。哺乳類動物的下顎可以自由的左右移動，使牠們能夠咀嚼。恐龍的顎部只能上下移動。古生物學家大衛．諾曼（David Norman）在詳細研究禽龍的頭部以後，揭露了這種草食動物如何適應此問題的秘密。禽龍沿著頭骨有一條與之等長的帶狀物，這個構造使得牠的上顎富有彈性。

在檢查了牙齒的磨損模式以後，諾曼認為，禽龍咀嚼的方法，是把下顎往上推進上顎的裡面，然後上顎有彈性的往外推，讓牙齒能夠碰在一起研磨。如果觀察一頭禽龍悠閒的咀嚼食物，你會看到牠的下顎有韻律的上下移動，頭部的兩邊則微微的擴張和收縮。雖然關於鳥腳類為什麼會在白堊紀如此成功的理論很多，但是其秘密極有可能只是如此尋常而已：牠們學會了如何適當的咀嚼食物。

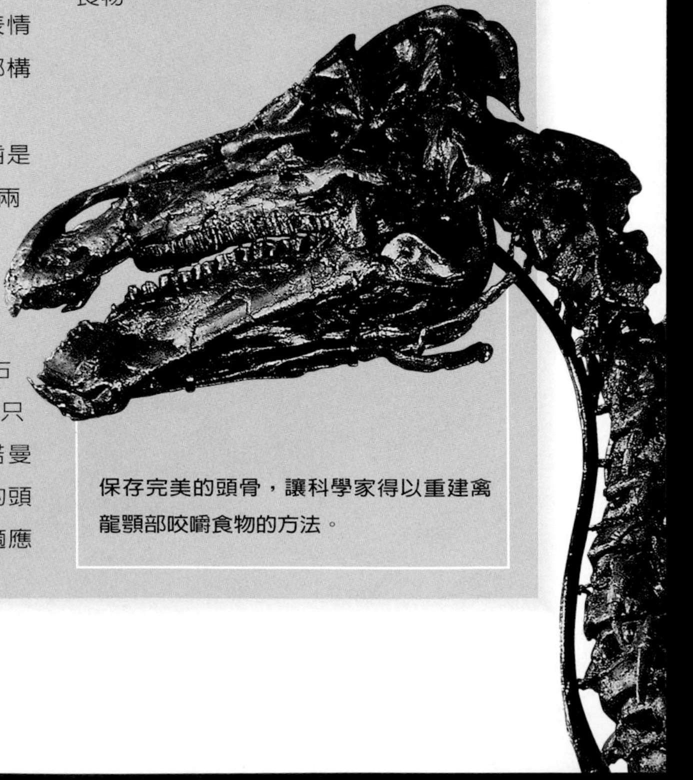

保存完美的頭骨，讓科學家得以重建禽龍顎部咬嚼食物的方法。

區域才廣泛生長。但在很短的時間內，這些植物就證明了自己的極度成功，特別是在繁茂的低地區域。其成功的秘密，並不在於有某種新的毒素或特殊的荊刺，使之不適宜恐龍採食；相反的，它們似乎愈被吃，就長得愈茂盛。始鸚會產生許多種子，每一顆種子裡面，都有足夠的營養可以讓幼苗早日發芽。這表示，如果動物採食消耗了某個區域之後，始鸚通常會是第一個重生的植物。即使整株始鸚的主要部分都被吃光了，它仍然能夠從不同的部位重新長出來，因此，受到傷害的始鸚，比其他任何植物都恢復得快。最後還有一點，它長得很快，而且很快就會產生種子。始鸚找到一套特殊的方法，得以在草食恐龍的衝擊下生存，只要有大群草食恐龍的地方，就一定會發現像始鸚這種植物。或許，這種植物最大的特色，也正是它最明顯的地方——亦即花朵的顏色。在一個以蕨類、針葉樹，和蘇鐵的綠色與褐色為主的世界裡，始鸚的淡白色花朵，讓整個景觀都明亮了起來。

> 在一個以蕨類、針葉樹，和蘇鐵的綠色與褐色為主的世界裡，始鸚的淡白色花朵，讓整個景觀都明亮了起來。

　　禽龍群在氾濫平原上分散採食，面前就是一大片白色的始鸚。昆蟲被花粉所吸引，密佈四周，隨著這些大爬蟲類從一株到另一株採食，被驚擾的昆蟲也一起一落的飛開又飛回。對於坐在2公里外壁崖上的鳥腳龍而言，這一大群條紋狀的恐龍，彷彿在一片白沫中沈浮。鳥腳龍一邊笨拙的彈動巨大的翅膀讓自己涼快，一邊注視著獸群。

　　如果小心查看，你會發現有另外一種恐龍混雜在禽龍當中。牠們只佔少數，比禽龍小，而且全身盔甲。這些是釘背龍（Polacanthus），幾乎背部的每一公分，都長著又大又粗的尖刺——除了臀部上有塊地方是一片堅硬的骨板，甚至連沿著尾巴兩邊都有尖刺。這一切使釘背龍成為任何掠食者都不敢輕視的敵手，也

古生物學家的老朋友

隨著新千禧年降臨，禽龍也有屬於自己的慶典——牠已經被發現175年了。這個白堊紀早期的草食動物，在古生物學史上具有特殊的地位，因為牠是史上第二個被取名的恐龍。1825年時，外科醫師吉狄安・孟泰爾（Gideon Mantell）辨認一些在英國薩西克斯（Sussex）的廢石中所發現的牙齒，認為是屬於某個新品種的爬蟲類。它們看起來像屬於鬣蜥蜴之類的大蜥蜴所有。孟泰爾把牠取名為禽龍（*Iguanodon*），或稱「鬣蜥蜴的牙齒」（iguana tooth），甚至比恐龍這個名詞被發明還要早16年。禽龍以成為聖經大洪水之前的怪物而聞名，1851年時，牠還在倫敦所舉辦的「水晶宮大博覽會」中大出風頭。

展覽所使用的磚造模型，現在還存在倫敦南區，顯示當時科學知識的有限。後來被證明是禽龍拇指尖的刺狀物，當時像犀牛角似的擺在鼻子上面，

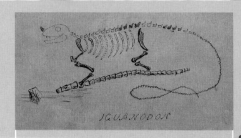

外科醫師吉狄安・孟泰爾以現代蜥蜴骨骸為基礎所製作第一幅禽龍重建圖。孟泰爾把拇指尖刺擺在鼻子上，像犀牛角一樣。

第一件被發現的禽龍骨骸殘片，是1825年出土的牙齒。吉狄安・孟泰爾認為和現代鬣蜥蜴的牙齒很像，因而有「鬣蜥蜴的牙齒」這樣的名稱。

而且姿勢像一頭笨重的四腳獸。

1878年，在比利時的勃尼沙特一處礦坑，有一項傑出的發現，發掘了超過30副關節完整的禽龍骨骸。花了三年的時間，才把130噸的化石史料從礦坑裡移出來。古生物學家路易斯・多羅（Louis Dollo）完全改變了水晶宮展覽的形象。

在1851年於倫敦舉行的大型博覽會中，恐龍是主要賣點，有好幾個特別為該展覽製作的真實尺寸模型。

1878年在比利時的一處礦坑發現了好幾副骨骸以後，禽龍的長相被修改了。科學家讓牠直立起來，但因此尾巴必須重新擺置。

多羅把尖刺擺在禽龍的拇指上，並且使牠成為巨大的兩足動物。這便成為之後二十世紀大半時期的禽龍經典形象——直立的站在牠所喜好的針葉樹旁，以尖刺向形塑牠的藝術家豎起大拇指。但是，事實上，為了要讓牠這樣站著，多羅還得打斷禽龍的尾巴。

到1970年代，禽龍又歷經另一次形象塑造，現在牠被重新打造成一種介於四腳和兩足之間的動物。據信，牠的脊骨應該是和地面平行的，雖然牠有能力以兩足行動，但是在走路和吃草的時候，應該是四腳並行的。這是一種獨特的移動形式，沒有任何現代動物可以與之比擬。

解釋了為什麼釘背龍通常都是獨行俠，但卻無法解釋牠們為什麼常常會和禽龍群混在一起。兩種動物對彼此漠不關心，而且也難以想像這種結合對彼此有什麼好處。

有一種理論認為，兩者在一起比較容易察覺掠食者，因為牠們的知覺可以互補。禽龍可以用後腿站起來，對四面八方有良好的視線和聽覺。而另一方面，釘背龍雖然必須局限於低矮的地面，但是卻有超級靈敏的嗅覺，往往可以聞到躲在灌木叢裡沒被禽龍看見的掠食者。

隨著炎熱的氣溫，溼度也在上升，空氣變得十分凝滯。地平線上，污濁的陰雲開始密集。鳥腳龍對雲氣有敏銳的觀察力，而且對影響牠們的氣流具有本能的判斷力。牠馬上認出這是暴風雨的雲氣，對牠來說，這代表著嚴重的危機。熱帶

獨自進食：一隻釘背龍在河邊採食。這種裝甲恐龍有一系列強大的防衛措施，不只沿著身側有整排的尖刺，掠食者所偏好的攻擊目標臀部，也覆蓋著一層厚厚的骨板。

暴雨和狂風會把翼龍吹下天空，即使在地面上，牠們也必須尋找避難所來躲過這些風雨。

　　鳥腳龍把早上捕獲的殘羹收拾乾淨，展開雙翼，跳進濕黏的空中。牠沿著懸崖的邊緣滑翔，微風從底下的海浪升起，撐持著牠巨大的翅膀。幾分鐘以後，牠找到自己正在尋找的──一個沙岩裡的長形壁穴。那裡夠高，不致於受到海浪打

擊，而且從陸地也不容易接觸，是躲避暴風雨的理想地點。

夕陽才落，暴風雨就從東方滾滾而來，一路興風作浪。雨點打在懸崖上，雨水形成的激流沖刷著砂岩。鳥腳龍低著頭，避縮在黑暗當中，翼指緊緊的夾在背後。風雨不斷交攻壁崖，翼龍很快就全身溼透，背部和翅膀的灰色細毛也全都潮了。雖然雨水溫暖，但因有狂風吹襲，牠的體溫隨之下降，此時牠所面對的問題，和幾小時前恰恰相反。牠再度控制翅膀的血流——這一次，是要減少體熱散失——而且快速的抽動大塊飛行肌，以保持核心體熱。牠在顫抖，而且在暴風雨的肆虐聲中，依稀可聽見牠的嘴喙打顫的聲音。

到了早上，暴風雨自行消弭，一股溫柔的涼風拂過海面。經過一個如此激烈的夜晚，大翼龍又冷又疲憊。太陽在海上升起後，牠微微張開翅膀歡迎，迫不及待的要承接稀薄的曙光所能提供的任何一絲暖意。幸好，陽光迅速增強起來，溫熱了周圍的岩石。很快的，牠就放鬆下來，開始梳理自己，彌補暴風雨所造成的任何傷害。從牠的動作可以清楚的看出，老翼龍備受關節炎之苦。前晚如此寒冷，牠粗大的指關節一定疼痛不堪。牠細細的檢查每一邊翅膀，把長長的嘴喙像耙子一樣刷過表面。和多數大翼龍一樣，幾乎可以確定，牠一定也有寄生蟲附著在翅膀。特別是一種叫做吸血蟲（Saurophthirus）的寄生蟲，只住在翼龍的翅膀上。吸血蟲是一種大約2公分長的無色小蟲，沒有翅膀，長腿末端有鉤子，還有尖銳可吸

（左圖）危險的遊戲：一隻小禽龍和一隻釘背龍玩。這兩種動物似乎對彼此有極大的容忍力，這可能是奠基於互相保護的需要。禽龍有很好的視力，釘背龍則具有高超的嗅覺。

177

翅膀上的寄生蟲

研究中世代化石昆蟲的科學家們幾乎都不懷疑，巨型爬蟲類深受蟎、蜱等各種咬人的蟲害之苦。雖然恐龍有堅硬、鱗甲似的皮膚，但這些寄生蟲總是找得到牠們眼睛周圍、耳朵裡面、和鱗甲之間的柔軟處，以吸吮這些蟲類所藉以生存的鮮血。

不幸的是，我們從來沒有發現一隻在恐龍皮膚裡化石的蝨子，因此，這兩者之間的關聯很難證明。然而，從俄羅斯一處老湖床所找到的一隻化石昆蟲，其奇異的身體外觀，只有一個說法可以解釋。牠一定是某隻翼龍的寄生蟲。

這隻2.5公分長的動物是來自俄羅斯東部特蘭斯百卡利亞（Transbaikalia）的白堊紀岩石裡，被取名為吸血蟲（*Saurophthirus*）。牠沒有翅膀，長腳的末端有鉤子，有一個長長的嘴，和一個可因液體餵食而脹大的軟驅體。就一隻昆蟲來說，這一切都是寄生所需要的適應條件。

雖然沒有親屬關聯，但是吸血蟲也和一種專在蝙蝠翅膀上吸血的現代寄生蟲有驚人的相似之處。當這種小動物在蝙蝠毛髮稀疏的翅膀上吸血時，其長腳可幫助自己在移動的表面上維持穩定。牠從來不移近蝙蝠身上比較多毛的地方，因為牠的腳太長了，會和毛髮交纏在一起。

翼龍的翅膀應該也給吸血蟲提供了一模一樣的機會。那裡應該也是很少毛髮，而且有充滿血管的大面積皮膚。如果這個聯想是正確的，那麼非常可能，梳理翅膀以去除這些討厭的寄生蟲，應該是翼龍行為中一個重要的部分。

俄羅斯的一個湖底發現了這個神秘的昆蟲化石。就外形而言，和一種常見的蝙蝠跳蚤非常相像，但是白堊紀並沒有蝙蝠——只有具毛髮的翼龍。

翼龍在雨天的時候很難飛行，尤其是巨大的品種。著陸時，牠們可能得花時間梳理自己，因為這對脆弱的翅膀必須處於完美的狀態，牠們才能飛行，另外或許也才能求偶成功。

吮的嘴部。終其一生，牠們都附在翼龍身上，鑽取翼膜上的血管。鳥腳龍自己梳理乾淨是非常重要的，因為大量的吸血蟲會嚴重危害健康，也會妨礙飛行能力。更糟的是，蟲害嚴重的翼龍在競爭繁殖對象時，很少會被挑選為配偶。用牙齒刷過毛皮，可以弄斷這些寄生蟲的腿，雖然無法把牠們全面消滅，但至少可以把數量減到最低。

有條有理的梳整工作，佔去了老翼龍大半個早上，梳理完畢後，太陽的熱氣早已把沿岸無形的熱流都高高的推到上空。大量翼龍翱翔頭頂的景致，誘使鳥腳龍也跳離懸崖，飛進溫暖的空中。一瞬間，牠便開始上升。牠放低一邊翅膀，把飛行路線轉成了圈圈緊密的螺旋形上升，不久，就準備要繼續飛行，往繁殖地移棲。

時 候 近 了
克 努 比 亞 島

克努比亞島（Cornubia）就像古地中海中央的一個大碉堡。沿著西部海岸，險峻的懸崖自海中升起，有的地方高達400公尺。浪頭衝過成百崎嶇的黑色石塊所串成的礁岩，古地中海的海水在這裡翻攪成濃稠的白色水沫。

雖然外觀如此嚇人，克努比亞島卻是移棲的大型翼龍的庇護所。溫暖的黑色礁岩會製造大型的熱流，讓翼龍在以島嶼為跳板、來去大陸之間時，提供上升的助力。成千翼龍擁擠在此處的崖岩上，在險惡的海水中捕魚。

島嶼中央是一長串黝黑的淡水湖，那是翼龍飲水的地方。從海岸熱流上方的位置，老鳥腳龍看得見這些湖泊，便緩緩的開始降落。牠的遷移已經快要完成──克努比亞島距離坎他布里亞島僅有數百公里，而且此時牠的身體已經準備好要交配了。牠嘴喙尾端的冠已經變成大紅色，而身體也因為睪丸的增長而沈重起

來。牠必須為這些改變提供營養，要達成這個目的，而又不花太多精力的一個辦法，就是讓其他翼龍來替牠捕食。

底下的湖泊魚產豐盛，有一些比較小的翼龍正在忙著捕魚，其中尤其有年幼的鳥腳龍。當牠們滑過玻璃似的湖面，老公翼龍也減緩了降落的速度。一隻母的小鳥腳龍用喙擊打湖水，隨即迅速拍翼飛起，嘴裡唧著一條銀光閃閃的魚。公鳥腳龍稍微收摺翅膀，降低飛行高度，朝那隻唧魚飛往河岸的小翼龍而去。以體型所具有的超高敏捷能力，公翼龍掃過吃驚的小翼龍面前，發出一連串惡狠狠的嘶叫聲。小翼龍嘴裡還在蹦跳的魚掉到沙灘上，公翼龍迅即回頭撿拾獎品。牠會把這天大半的時間都花在做類似的事，雖然欺負比較小的翼龍也會消耗精力，但是比獨自捕魚的成功率要高很多。

這些湖泊被懸崖阻斷了與海洋的連繫，發展出自己獨特的居民。很特別的是，稱霸此處的，是一些大型的掠食鳥龜。多半時候，這些不像殺手的殺手，會爬到沙灘上曬太陽，比起其他水棲掠食者，鳥龜看起來好像太慢、太笨拙，但在湖泊黝暗的水裡，卻是高效率的偷襲獵手，很少有魚逃得過鳥龜強壯的顎部。

這個島嶼夠大，足以容納大量的恐龍。它的高原地區有濃密的胡恩松（Huon pine）和蘇鐵樹的樹林。胡恩松有一種不尋常的方法在新的地方繁殖，它的新枝從樹幹低處長出來，一碰到地面，就會生根入土。多年以後新樹長大，然後再以相同的方法自我繁殖。克努比亞島的某些胡恩松森林非常老，在某些地方，森林起始於一棵原樹，然後它的分枝逐漸長滿

了整座山丘。低地充滿了蕨類、本內蘇鐵,和大片花叢。小群的禽龍在這些草原上採食。牠們和阿帕拉契禽龍是不同的品種;有深綠色的鱗甲,頸部比較不那麼粗大,但完全成年的成獸比較大,體重大約7噸。最值得注意的是,牠們有更強力的前臂,還有更長的拇指尖刺。

這些草食動物必須很強壯,因為島上有一些又大又猛的掠食者。尤其克努比亞島上有猶他盜龍(Utahraptors),專門愛找禽龍群。以一個動物群來說,盜龍是非常成功的肉食動物,從勞亞古陸到岡瓦納古陸各處,分佈著各種不同的品

離群野男:即使是獨處,禽龍也非常能夠保護自己,和大多數掠食者對抗。像這樣的公獸,體重可能超過7噸,而且站起來可達5公尺高。

181

花 的 勢 力 降 臨

今天的開花植物，或稱被子植物（angiosperm），霸佔了地球上幾乎每一塊自然繁殖地。從棕櫚和仙人掌，到山毛櫸和橡樹，從荒野的石南原到廣大的青草地，開花植物塑造了我們所見的綠色景觀。然而，在中世代大部分時間，恐龍是住在一個綠色和褐色的世界，完全沒有花朵，當然也沒有見過青草。

事實上，即使在開花植物出現的白堊紀早期，也必須是一個非常具有觀察力的植物學家，才能夠看到花朵。在剛開始演化時，開花植物不過是在地位鞏固的針葉樹、蕨類、和蘇鐵的茂密世界中，一個小小的邊陲性灌木而已。第一批花不僅小，可能也還沒有香味和顏色。神秘的是，為什麼這個相當謙卑的新植物，最後會以如此驚人的活力發展，把許多其他種類都趕盡殺絕。

被子植物的科學定義，就是具有覆蓋的胚株的植物。這表示，雌性的生殖構造有特殊的組

這個一億四千萬年的化石，由美國和中國的科學家在南京發現，是我們所知道最古老的花。這些花朵很小，可能是藉由風力傳播花粉。會吸引昆蟲的花朵，要到很久以後才演化出來。

織外層將其覆蓋，保護它們不至於乾燥，被昆蟲吃掉，或受到菌類感染。雄性花粉只有靠落足在正確的地點，長出一根伸進胚株的管子讓精子得以通過，才能使這棵植物受精。其後形成的種子，有它自己的食物補給，落地以後，

現代的花和中世代最初的品種很不一樣；然而，包括木蘭（如圖）和辛果（drimys，一種會開花的常綠樹）這些種類，其起源可以追溯到恐龍時代。

能夠發芽，並形成一棵新的植物。從這種新發明，孕育出一系列的特質，改變了世界的植物相。

在缺乏其他植物的荒蕪地區，無論其成因是什麼，被子植物都能迅速佔領。它們長成種子的速度比較快，更重要的是，從災害中復原的速度也更快。此外，還有幾個外在的因素，更促成開花植物的興盛。

在侏儸紀時期，蜥腳類的大規模覓食達到一個新的層次。恐龍群每經過一個地區，便驚動大地，戕害植物。這個所謂的「恐龍風暴」所遺留下來的災後地區，正是讓花朵大顯身手的理想環境。在白堊紀早期，地球大部分地表的氣候都變得比較潮濕，許多地區發展出茂盛的植物。對陽光的競爭日益熾烈，這也正好有利於開花植物的生存。

最後，隨著白堊紀的進展，花朵更發展出和昆蟲愈來愈緊密的關係。由於胚株受到保護，它們必須確定花粉會達到正確的地點。昆蟲很早就已經開始拜訪花朵，取食花粉，並且把多餘的花粉從一棵植物帶到另外一棵植物。花朵又開始產生花蜜來吸引昆蟲，使牠們成為經常性的拜訪者。

等到花朵發展出顏色和香味，使自己更加具有吸引力以後，例如蜂這樣的昆蟲，更成為採食花蜜的專家。這個稱為「共同演化」的過程，讓兩邊有機體都得到益處。有這麼多有利的條件，開花植物如此成功，便一點都不值得驚訝了。

種。牠們大半成群結隊打獵，較大型的盜龍則比較少見結群的。然而此地的獵物很不幸，這裡的猶他盜龍很大，大約6公尺長，卻是成群出獵的。

在距離老鳥腳龍搶霸王飯吃的湖泊大約一公里之處，一道低低的花崗岩露頭岩脈矗立在胡恩松林的前方。一群禽龍正悠閒的從光禿的石塊間咬樹苗吃。已經是傍晚時分，岩石投下的長長陰影，遮蔽了潛在的危機。就在禽龍下方陰影的深處，兩隻猶他盜龍慢慢的逼近獵物。

猶他盜龍確實是美麗的掠食者。除了淺奶油色的下腹之外，全身都是美麗的黑色與黃色花紋。圓滑、矯健的身體，靠著小而具高度機動性的尾巴維持完美的平衡，那條尾巴隨著盜龍的向前潛行，不斷的調適再調適。一隻猶他盜龍的體重將近一噸，如果禽龍被偷襲，想要逃命，眞的就要靠運氣了。盜龍走路的時候，頭很少動；眼睛則緊緊盯著前方的獵物不放。牠們的前臂舉得高高的，長可攫物的指頭則靠在肋骨上面。而每走一步，第二根腳趾上又長又黑的趾爪就微微一閃，這種趾爪是盜龍的特色之一。

這兩隻盜龍顯然花了一些時間潛伏到這個位置，因爲其他的同伴都還在森林的邊緣。牠們兩隻都是母獸，這點毋庸意外，因爲母猶他盜龍負責大半的捕獵工作。在附近某處應該有一隻領袖公獸，但牠很少捕獵。如果母獸有所斬獲，公獸定然會來分一杯羹，但牠通常都會保留精力，去對付來自其他公獸或無可避免的挑戰。這兩隻母盜龍神不知鬼不覺的潛行到露頭岩脈的邊緣，禽龍群正緩緩向掠食者的反方向移開，盜龍必須跳躍的距離就要加長了。猶他盜龍通常不願追逐獵物任何距離，具有善跑的長後腿的禽龍，很快就可以逃過牠們。因此，是攻擊的時候了。

比較大的那隻母猶他盜龍悄然跳到露頭岩脈上，向禽龍群逼近。牠已經選好對象，是站在群體外圍一隻健壯的半成獸。母盜龍馬上就被發現了，禽龍群開始

（右頁圖）華美的殺手：一隻猶他盜龍停下來喝水。牠經常處於警戒狀態，中午的陽光暴露了牠的殺手工具——鐮刀似的腳爪和會抓物的長手。這是最大型的盜龍，站立起來大約2公尺高。

發出警戒的震耳嘶吼。其他的盜龍也從森林中出現，但是禽龍群已經大步逃向白始鶒的草原。大部分盜龍連追都沒開始追就會先放棄，但是在那頭被盯上的禽龍還沒機會踏出步伐之前，母盜龍就先發制人。牠跳過去，帶有鉤爪的長指在半空中就張開來，腿向前想跳上禽龍的臀部，並試圖同時把致命的後腳趾爪刺進對方的腰窩。但是時間沒算準，腳沒有踏中目標，雖然牠騎上去時，禽龍顛了一下，可是還能保持站立。牠的指爪劃過禽龍背部，後者的低吼轉成刺耳的尖叫。禽龍驚慌橫衝直撞，掠食者失手，掉下地來。牠立刻又跳起來，但是落在非常危險的位置，恰好在禽龍的正前方。禽龍立起身，用一隻前臂再把盜龍打落地，然後另一隻手臂揮過去，拇指尖刺深深戳進盜龍的肩膀。母猶他盜龍急忙脫身，倉皇逃走，被廢的臂膀還在一邊晃蕩。

禽龍轉身趕上獸群，但是仍不斷發出震耳欲聾的尖叫聲。第二頭窺伺的母猶他盜龍即使想撿便宜，也已經落後太遠了，於是便放棄了追殺。受傷的母盜龍在樹林邊停下來；牠雖然傷勢嚴重，但仍有復原的希望。盜龍群還會繼續捕獵，如果食物足夠的話，即使無力參與獵食，也仍有得吃。攻擊大型獵物本來就很危險，大多數比較老的母盜龍，身上都有好幾處癒合的傷疤。

猶他盜龍分佈在各種不同的環境裡，牠們的捕獵技巧也因地制宜。在北阿帕拉契寬廣開放的平原，通常是以大集團出獵；但是在西邊的山丘森林，則常常單獨行動。在克努比亞島，猶他盜龍通常是過著小群的集體生活。如果單獨捕獵，成功率只有15%；成對行動則加倍，三次攻擊便可以有一次得手。再往下算，有幾隻一起出擊就都無所謂了——大半時候都是失敗。群體裡的成員似乎也各有專長：比較小的盜龍通常會追逐獵物，但是很少率先攻擊；比較大的盜龍則以偷襲為主，用跳躍的方式捕捉獵物。如果獵物體型小的話，猶他盜龍會從任何角度攻擊；但是在對付禽龍時，牠們從來不從正面攻擊。還有一點獨特的地方：猶他盜

龍願意攻擊健康的獵物，甚至包括大型的公獸，不像其他掠食者只找年幼或衰弱的對象下手。

盜龍群重新整合，成員們以一種看似典禮舞蹈的舉動互相致意。事實上，那是一種複雜的視覺「語言」，用來加強群體內的階級制度。比較低階層的盜龍低下頭，環狀尾巴激烈的左右擺動，和其他的成員接觸。地位比較高的，則以挺直站立的姿勢，張開兩臂和指爪上下搖動，來和其他成員打招呼。這當中沒有發出什麼噪音，似乎每個成員都知道自己的地位。然而，此時依然不見領袖公獸的蹤影。

大約一公里之外，在始鷚草原的遠端，逃亡的禽龍放慢腳步，重新探食。同時，猶他盜龍還沒有放棄捕獵。一番招呼比劃之後，盜龍們一一分散去跟蹤禽龍群。當領頭的盜龍抵達始鷚灌木叢時，所有成員便分散開，在花叢間俯下身，以免被看見。西邊，太陽開始沈落地平線。雖然禽龍群繼續覓食，但是彼此間依偎得更緊了。

日落後大約兩小時，一頭大母盜龍從距離禽龍群大約60公尺的低伏位置站起來，開步跑向最靠近的禽龍。不尋常的是，母盜龍同時也發出一連串簡短的叫聲——顯然，牠並不想在獵物毫無知覺的情況下動手。跑到大約還剩20公尺的時候，牠停下腳步，仍然持續噪耳的示威。禽龍們緊張起來，倉皇四顧，頓著前腳，對掠食者低吼。大母盜龍不為所動，很快的，其他盜龍也出現了，一樣的在接近禽龍群的地方就停下腳步，並且使盡全力恫嚇禽龍。此時，牠們不可能攻擊這個緊密團體中的任何一隻，而不遭到其他禽龍的傷害。因此盜龍們的目標，就是要不斷的逼迫禽龍群，直到牠們在黑暗中分散，其中一隻落單。

猶他盜龍願意攻擊健康的獵物，甚至包括大型的公獸，不像其他掠食者只找年幼或衰弱的對象下手。

　　夜色漸深，有一陣子，盜龍群的詭計看似即將失敗。忽然，一頭母盜龍抓住機會，從背後跳到一頭母禽龍身上，成功的把牠的後腳爪刺進禽龍的側腹。巨大的草食恐龍顛簸搖擺，發出痛苦的嘶鳴。就在此痛苦蹣跚之際，母禽龍撞到另外一個同伴，也把盜龍撞下背脊。

　　雖然攻擊失敗，但是因此所造成的驚慌，卻足以使數隻年輕的禽龍倉皇跑向暗處。一隻年輕的公禽龍跑開時，正好經過一隻等待的盜龍面前，後者跳上牠的腰，把指爪深深插進牠的側面。和上一次一樣，這個攻擊引起噪耳又激憤的反抗，但不到一秒鐘，又有一頭盜龍從黑暗中出現，跳上了草食恐龍的另一側。這兩頭大掠食者撕扯、踢打、噬咬背部的重量和震撼，很快的就讓年輕禽龍承受不了，牠無法甩脫敵人，後腿一軟，露出下腹，掠食者馬上就把牠剖腸挖肚。

　　顯然的，年輕禽龍的叫聲顯示牠快死了，於是更多盜龍又出現了。禽龍嚥下牠最後一口氣，盜龍群也開始大飽口福，同時還一邊爭吵示威，看誰最有資格得到最好的部分。

　　晨光揭露了血淋淋的一幕──所有猶他盜龍群聚在滿覆鮮血的屍體旁休息。盜龍群會留在死禽龍周圍幾天，趕走被腥味吸引而來的其他掠食者。每一頭盜龍都會吃到心滿意足，等牠們離開時，屍肉就所剩無幾了。

　　附近的湖水完全靜止，映照出天上金黃的雲霞。湖中央一座小島上，鳥腳龍在睡夢中不安的輾轉。天氣暖和，巨大的黑色身影開始從水中爬出來。鳥腳龍突然發現自己和無數又大又黑的烏龜同處在小島上。牠試圖離開，但是氣溫還不夠暖和，沒有熱流讓牠升

空，因此，牠自己起飛，慢慢鼓動翅膀，直到找到一處沒有烏龜的湖岸。牠笨拙的降落，收起兩翼之後，轉身去找水喝。

緊貼牠後面的，是一片密實的松林。樹幹之間，蘇鐵和蕨類叢在枝葉間交纏生長，形成一片無法穿透的屏障。鳥腳龍著地後，森林深處響起一陣不熟悉的吵雜聲。牠不理會那些聲響，直到突然間，一隻小小的、顏色鮮豔的動物從樹叢中飛出，衝過來攻擊牠。緊接著又有第二隻、第三隻，老公翼龍還來不及躲避，就已經有半打這種兇狠的小動物一起在攻擊牠了。顯然牠的出現讓小動物們很不高

鳥類的起源

在古生物學上，沒有幾個話題能夠比鳥類的起源引起更多的爭議。1861年，一塊看起來像是半鳥半恐龍的化石，在德國被挖掘出來。尺寸大約等於一隻鵲的大小，這個動物具有鳥的翅膀和羽毛，但是也有爬蟲類的牙齒和尾巴。

這個動物被稱為始祖鳥（*Archaeopteryx*），是至今已發現的七副相似的化石當中的第一個。八年以後，湯瑪斯・赫胥黎（Thomas Huxley）提出一個說法，認為鳥類是直接從恐龍演化出來的，而這正是引起爭端的起點，因為有些古生物學家支持赫胥黎的看法，有些則激烈的反對。

兩邊陣營分別被貼上「恐龍派」和「鳥類派」的標籤，前者堅持鳥類是恐龍尚存的生還者，後者相信這群高明的動物有自己的一套獨特性。1990年代在中國的數件傑出的發現，是到目前為止支持恐龍派的最關鍵證據，恐龍派信徒現在興高采烈的稱呼鳥類是「嬌小、有羽毛、並且短尾的恐龍」。

當赫胥黎最初提出，鳥類是直接從恐龍演變而來的，他的說法似乎顯而易見。他指出兩邊共有的相同點不下35處，其中包括了輕型骨架、兩足站立、三根指頭的手／翼，和有韌帶的腳踝。然而，即使是在赫胥黎的時代，有些人仍認為這是趨同性（convergence）的一個例子，亦即，兩種動物各自獨立演化，但結果卻看起來很相像。再說，他們相信恐龍是冷血的爬蟲類，但是有動力的飛行（相對於滑翔）需要溫血動物所具備的高能量新陳代謝系統。此外，他們還指出，「Y字形骨」是拍翅飛行的一個重要結構，但恐龍的「Y字形骨」在演化過程中早就消失不見，鳥類不可能又自行「重新發明」。

此外，更引人懷疑的是，雖然始祖鳥是連接恐龍和現代鳥類的「迷失的線索」，但牠的年代未免太古老了。和鳥類

從德國松禾芬石灰岩出土的一副保存完美的始祖鳥。自從1861年第一次被發現以來，這種半恐龍／半鳥的動物，便被視為連接這兩種動物的典型「迷失的線索」。

興，雖然雙方體型相差甚遠，對方仍然決意把牠趕走。

森林邊緣還有幾隻這種小動物坐在枝幹上，以高而急躁的哨音彼此呼嘯。這些不是翼龍。牠們飛行的速度太快、太不尋常。牠們是飛上天空的恐龍，有史以來第一次，終於有其他動物挑戰翼龍的優越性。牠們是一群新的動物——鳥類——其根源可以追溯到侏儸紀，但是在白堊紀才開始蓬勃發展。牠們的鱗甲演變成「羽毛」——一種長而扁平的構造，有一個中央脊骨，邊緣分綴著成千根小小的分枝，這些構造全部鎖在一起，形成一種類似雙面刀鋒的模樣。羽毛是覆蓋某

關聯性最緊密的恐龍，應該是馳龍科或盜龍，牠們第一次出現在白堊紀的中期。始祖鳥的存在則比牠們早數百萬年，是在侏儸紀的晚期。

數十年來，科學家孜孜不倦的想從其他地方尋找鳥類可能的祖先。有關鳥類是翼龍、鱷魚、哺乳類，或蜥蜴等的後代的理論，都被提出來探討了，但是唯一可能成立的說法，則是認為，鳥類是演化自某種與恐龍大約同時存在的未知爬蟲類。

然後，到1960年代晚期，約翰·奧斯托姆（John Ostrom）研究恐爪龍（Deinonychus）這種盜龍，給恐龍派信徒又帶來了新希望。奧斯托姆重訪並延伸赫胥黎的論點，有系統的分析恐龍與鳥類共有的特徵——例如一種容許盜龍和鳥類把「手」往旁邊迴轉的半月形腕骨。在飛行時，鳥類會利用這種能力，於向上撲翅

時將翅膀往內拉，而在向下撲翅時，則把翅膀往下推，這樣可以有助於得到更多的提升力。

上述的肉食恐龍，可能也是利用相同的技巧，在牠們奔跑時，把長手向上緊貼著身體，然後在捕獵時把手彈出去捉獵物。

到1970年代，溫血恐龍的看法廣泛為大家所接受，古生物學家也開始在化石中發現小恐龍的Y字形骨，這些都進一步

一隻小麝雉（hoatzin）懸在樹枝上。這個品種在鳥類中很特別，因為其幼鳥在翅膀中段的地方仍保有指爪。這可能反映了牠們老祖宗的樣子，亦即在「手臂」發展成翅膀以前的模樣。

的支持恐龍派的觀點。但是到1990年代，爭端再度興起，根據胚胎學者的研究，發現鳥類和恐龍的關係是相牴觸的。

在這一切爭議的背後，羽毛這個傑出又複雜的適應特點，是為飛行而生的，也是鳥類獨一無二的特色。在發現始祖鳥之前，幾乎沒有羽毛存在的證據，也沒有理由可以假設始祖鳥之前就有羽毛存在。

動物能用原始羽毛做什麼？很早以前有人提出，最初小型、溫血的肉食恐龍可能是用羽毛來保溫，而這個看法，似乎得到中國出土化石的支持，特別是中華龍鳥（Sinosauropteryx）——一種身上長滿了看似原始粗糙羽毛的小恐龍。過去恐龍皮膚所留下的痕跡，都顯現出扁平、鋪石路面似的鱗甲。

不幸的是，很少有軟性的組織留下化石，因此這方面的研究充斥著各種錯誤的假說。然而，現在有羽毛恐龍的證據，就要和有毛髮翼龍的證據分庭抗禮了，而大多數專家早已接受了後者的正確性。

（右頁圖）家居保養：一隻伊比利亞鳥在照顧自己的窩巢。這種強壯、敏捷的小飛行家住在茂密的森林裡。身上覆蓋著叫做羽毛的特殊鱗甲，是飛行和保暖的要件。羽毛也具備了鮮豔的顏色，是為了展示之用。

些小型肉食動物的粗糙、絨似的鱗毛，是高度特殊化的演變結果，也是鳥類飛行的關鍵。羽毛非常輕，然而又層層交疊，給鳥類提供很大的表面積，可以靈敏的調整，以創造最大的上升力。同時，羽毛也很堅韌，因此，如果撞到樹幹或細枝也不會破裂——反之，羽毛可以隨時梳理，恢復原來的樣子。這一切，都讓小鳥得以愉快的住在像鳥腳龍背後這種茂密的樹叢裡。甚至，鳥類還把蛋下在樹林間，用一堆細枝、苔蘚，和葉子舒適的撐持著蛋。這些騰在半空的窩巢，可免於遭受其他小恐龍的攻擊。

這種特殊的鳥類叫做伊比利亞鳥（Iberomesornis），比起恐龍表親，牠們非常的小，只有大約7至8公分長。牠們的羽毛花紋也非常美麗，像小小的珠寶點綴在單調的綠針葉林上面。牠們的頭部是白色的，有著藍色的身體和帶著紅色尖端的羽翼。飛行的時候，翅膀下部閃露出深紫的顏色。牠們之所以攻擊鳥腳龍，是認為後者威脅到牠們的窩巢，而牠們的窩巢，正立在距離不到數碼之遙的枝幹上。牠們對抗這樣一隻巨大敵人所展現的膽量，一定是奠基於自己是個飛行者的信心。雖然翼龍試圖以可怕的喙來咬牠們，結果卻是徒勞無功。隨著愈來愈多伊比利亞鳥加入攻擊陣容，牠們又長又尖的指爪也開始見血了。鳥腳龍被比牠小一百倍的動物逼得落荒而逃。

鳥腳龍飛起來，但是飛越湖面的速度很慢。晨光尚早，尚無熱流。幸好牠找到了一陣風，好不容易才脫離那群令他頭昏腦脹的小搗蛋。甚至在牠從湖邊起飛的時候，那群鳥都還在繼續攻擊牠呢。鳥腳龍前往南邊的懸崖，在那裡等待第一股晨間熱流，好把自己帶離島嶼。牠已經全身展現出交配的顏色，應該是正處於體能的尖峰，好準備和其他公獸在漫長艱辛的交配儀式中競賽。但是年邁和關節炎已經開始讓牠付出代價，雖然表面上看不出太多徵兆，但其實牠根本沒有足夠的能力應付即將到來的考驗。

有 毛 髮 的 魔 鬼

早在十九世紀,科學家就已經認為,翼龍一定和恐龍非常不一樣。如果爬蟲類必須做拍翅飛行這種高能量的活動,那麼有關恐龍是冷血動物的種種爭論就不會發生了。翼龍有和鳥一樣的小骨頭,這清楚的顯示,牠們是溫血動物。

在1920年代,從德國松禾芬出土的一副保存完美的翼龍骨骸所做的詳細檢查發現,化石旁邊的石頭上,有一些凹陷和條紋的花樣。這些被認為是毛囊和髮叢的痕跡。主張哺乳類以外的動物有毛髮,是很容易引起爭端的,而且因為這種軟性組織的存留物,很容易和其他現象如水晶的形成相混淆,所以很多人懷疑上述的結論。

一直要到1970年,一件化石的發現,才終於說服大多數古生物學家,翼龍身上覆蓋著毛髮。俄羅斯科學家A.G.沙洛夫(A.G.Sharov)在哈薩克發現一隻翼龍,取名為「有毛髮的魔鬼」(*Sordes pilosus*, 或hairy devil),因為和骨骸同時保存的,還有厚厚的一叢叢毛髮。現在一般都接受,翼龍的身體上有毛髮,但是翼膜、尾巴,和臉部沒有──和今天的蝙蝠很相似。

那些毛髮厚厚短短的,有5至10公釐長。它們和哺乳類動物的毛髮不一樣,而是和羽毛一樣,同是從鱗甲演化而來的,但是都扮演了相同的功能:阻止體溫流失。這就是翼龍一定是溫血動物的證據──否則,牠們需要體溫絕緣裝備做什麼呢?

> 數十年來,科學家不斷爭論翼龍是否有毛髮。然後,在1970年,這個叫做「有毛髮的魔鬼」的化石被發現,身上有一叢叢看似毛髮的東西,其分佈模式和蝙蝠很相似。

> 在精密檢視之下,毛髮似乎顯而易見,但是許多其他的因素,例如細菌的活動,也可能在化石上留下很相像的線索。

交 配 之 戰
坎 他 布 里 亞 島 海 灘

在坎他布里亞島北岸一條長而開闊的海灘上，立著一塊孤立的岩石，矗立沙灘之上，抵抗浪潮拍擊已經好幾個世代了。一年一度，這塊岩石都要執行一件獨特的任務——它正好位於鳥腳龍繁殖地的中央，成為成千隻來自全球各地的巨大鳥腳龍的焦點。等鳥腳龍來到，岩石就顯得小了——變成了一顆擠滿汪洋般撲動灰翼的黑色石礫。這是自然界最令人震撼的景觀之一，一片3公里長、1公里寬的海灘，成為全世界最多鳥腳龍集中的場所。

公鳥腳龍首先降臨，開始劃分領土。每一隻都需要足夠的空間，好展示牠紅色的冠狀嘴喙，炫耀牠鼓翼的力量。挑釁和競爭十分激烈，隨著海灘愈益擁擠，敵手之間的惡鬥也愈來愈多。競爭中最大的危險，就是公獸會用牠們尖銳、捕魚用的牙齒，撕破敵手的翅膀。幾天下來，最後建立起來的殘酷秩序，就是最有力的公獸佔據靠近海灘中央的最大地點。

那隻老公翼龍來得晚；底下海灘已經擠滿了將近4平方公里的聒噪鳥腳龍群——即全世界等待交配的公鳥腳龍的總數。牠緩緩往海灘降落，並向群體中央的方向移去，希望能落在一個好地點，給自己找一個展示的理想所在。當牠滑翔靠近其他公獸時，面對一片喋喋不休的紅色嘴喙叢林，可不是一件簡單的工作。飛翔中，牠脆弱的翅膀完全暴露於敵手尖銳的牙齒下。如果想成功搶得一個角落，必須先著地，兩邊翅膀安全的收摺起來才行。牠繼續尋找落腳的空間而不可得，同時也逐次的失去滑翔的高度。牠拍動翅膀好往上升起，可是在此同時，其他公獸也過來用牙齒噬咬老翼龍的翼尖。牠慌亂的撲翅，掙扎脫身時也把自己的翼膜給扯破了。更多嘴喙向牠攻來，興奮過頭的翼龍群一片混亂。老公翼龍終於降落，收起雙翼，但牠已經受傷慘重。還有兩隻翼龍仍在繼續攻擊牠，咬著牠長翼的指頭。牠試圖回手，但總是居於下風。不久，流血和撕傷迫使他不得不離開。

交配的遊戲：當女方終於表示願意交配，男方很快的就騎到女方身上。事後女方便離開，但是男方還要再準備與其他女性交手。

展示大會：正午烈日下，公鳥腳龍勤奮的展現雄風。每一隻翼龍不但要保護牠的地盤不被鄰居搶走，還要預防新飛進來的對手侵犯。

牠張開翅膀往上跳，但又被其中一個敵手拉下來。此時牠是在爲生存而戰，如果想用走的離開這個展示區，一定會被咬死——得升空才能活命。牠一次又一次往上跳，翅膀也一次又一次受到可怕的傷害，直到海上終於起了一陣風，牠設法捕捉住一股救命的氣流，把自己帶走。

力竭又流血的牠，在遠離其他鳥腳龍的淺灘著陸。一邊翅膀無力的攤在水中，牠嘗試著梳理自己。對牠而言，交配季節這樣開始是最糟糕不過的了。牠不可能有精力去爭取一個最佳地點，而且翅膀也受傷太重了，無法演出吸引人的招展架式。夜影漸長，牠搖搖擺擺的走向一處覆蓋著浮木的乾燥沙岸，在一堆死木枯枝中孤獨的坐著，眨著眼，前額傷口的血流進牠深藍色的眼睛。雖然在這裡不必擔心其他公獸的襲擊，可是也沒有機會吸引任何母獸。

日出帶來清新的北風，早晨過了大半以後，母鳥腳龍開始出現。展示的海灘上一片瘋狂。母鳥腳龍在空中盤旋，底下公鳥腳龍的嘴喙開開闔闔、喋喋不休。到處都爆發打鬥，但是只要一有母獸降落，公獸就轉移注意力，開始展示起來。母獸和公獸的體型差不多，但是嘴冠比較小。著陸以後，母獸緩緩的走過瘋狂的公獸群。藉著大張翅膀和搖動紅色的喙部，每一隻公獸都試圖鼓舞潛在的配偶停下腳步。同時，母獸則盡其所能的往中心地帶推進，好爲自己尋找一個強壯的伴侶。等終於找到一個合適的對象，母獸只交配一次，然後就立刻離開。然而公獸會在那裡繼續把守，和吸引得到的每一隻母獸都進行交配。牠們只有在母獸停止降臨的時候才會離開。

母獸來臨的景象，讓受傷的老鳥腳龍蠢蠢欲動，牠再度嘗試進入展示區。這

下一代的食物：交配展示大會結束後，許多公翼龍死於海灘上或瀕於死亡，大多數都是因為精力過度耗竭。一隻年輕的鳥腳龍在展開漫長的海岸之旅前，先飽餐一頓。

次，牠搖搖擺擺的走向海灘，企圖從邊緣處其他較老或較年輕的公翼龍當中，硬闖出一條路來。由於比年輕鳥腳龍龐大很多，牠確實開出了一段路，但是卻沒有足夠的精力擠太遠。早就有幾具鳥腳龍的死屍在淺灘裡浮沈。老弱殘疾已經註定了這些鳥腳龍的最後季節，然而飛到這裡來的壓力，又使牠們連最後一次交配的機會都沒有了。這些屍體引來一些食腐肉者，牠們肢解這些巨大的滑翔翼龍，尋找最後的一點殘肉。老公翼龍亟需休息和食物以恢復健康，但至少在接下來的這幾天，這兩者都是妄想。牠交配的慾望壓倒了其他的所有本能，只要還有母鳥腳龍在上面盤旋，牠就會繼續搏鬥、展示，嘴喙也將一直聒噪不休。

天氣完美。風停了，天空也幾乎沒有一絲雲。太陽直射下來，氣溫直衝到攝氏40幾度。雖然母獸來來去去，公獸卻繼續死守在牠們那片暫居的海灘上。

對所有鳥腳龍而言，這都是場煎熬的考驗。經過三天，海灘逐漸空曠起來。有些公獸已經中暑死亡，有些則是因為受傷喪命，但大多數在盡己所能多次交配之後，已經一一離去。

到第四天早晨，一排死翼龍沿著潮水線躺著，巨大而脆弱的屍體在淺水中流來滾去。有幾隻坐在沙灘上，因為翅膀傷得太重，無法起飛，只能靜待命運安排。海灘上滿是形形色色的肉食動物，正在大飽口福。在所有的無名屍之中，有一頭龐大的公鳥腳龍，翅膀被撕破了，頭被啄了，深藍色的眼睛混濁一片。雖然下場如此屈辱，老公翼龍卻有不凡的成就——在40年的生涯當中，牠大概播種了數十名子嗣，而且非常可能，有一些還曾經在這個海灘上，在這個牠終於失敗的地方，參與競爭，而且成功了。

一排死翼龍沿著潮水線躺著，巨大而脆弱的屍體在淺水中流來滾去。有幾隻坐在沙灘上，因為翅膀傷得太重，無法起飛，只能靜待命運安排。

一 億 六 百 萬 年 前

寂靜森林
裡的精靈

5

一

億六百萬年前的地球。這是白堊紀時期的高峰，世界又溫暖又潮濕。海床上大型的火山活動繼續迫使大陸分裂，把海床往上推，使得某些地方出現有史以來最高的海平面。擴展中的北大西洋，把勞亞古陸龐大的北部陸塊分成西邊的北美洲和東邊的亞洲，而南美洲則離非洲更遠了。

受到大陸運動的隔離，恐龍繼續分衍出無數不同的品種。更多不同的草食動物演化出來，其中包括鴨嘴類恐龍。肉食動物群的獸腳類（theropods）則產生出高貴的、駝鳥似的雜食類。

在較遠的南方，後來將成為澳洲和紐西蘭的地區，則仍和南極融合成一片廣大的大陸。這確實是一個奇異的地方。這片大陸大部分都位於南極圈內，但是並沒有凍結的荒原，也沒有結冰的平原——只有廣闊無邊的森林和草叢。有半年的時間，這個地區

一隻母雷利諾龍停在凍結的水塘邊呼叫族友。在這麼低的氣溫下和同伴分開，是非常危險的。

沐浴在24小時的陽光底下；另外的半年，則必須忍受無可紓解的

黑暗與冰寒。

　　這大概是恐龍所經歷過最極端的居住環

境。有些住在這裡的動物是夏季的訪客，冬天

降臨的時候，就遷移到很遠的北方。有些是奇異的古老動物，

在世界其他地方都絕種了，但在這個環境裡，卻因為沒有演化出

競爭的對手，就這樣生存了下來。還有一些物種發展出適應這

個極端環境的能力，便全年都待在這裡。漫漫冬季裡，牠們在

南極光的明滅之間討生活。這些動物，便是這個寂

靜森林裡的精靈。

蕨類在極地區旺盛生長，但是開花植物費了很長的時間，才適應這裡艱苦的氣候。

溫 暖 時 代 的 生 活

大約在白堊紀的中期，海平面達到中世代的最高點，比今天的基準高出200公尺。在這些海洋中，硬骨魚和鯊魚繼續興盛，但是魚龍開始衰減。蛇頸龍這種新的長頸動物出現了，同時，還有從小型陸棲蜥蜴演變而來的長蛇狀掠食者，即特異的滄龍（mosasaurs）。

這些水域中的浮游植物如此之多，擠壓的屍體形成今天的厚厚的白堊岩層，分佈在世界各處曾經沈沒海中的地區，例如多佛白崖（White Cliffs of Dover）。

陸地上，氣候依然溫暖，植物和動物的改變開始遵循起某種模式。開花植物以矮灌木的形式進佔河谷和氾濫平原，靠近赤道的區域尤其常見。棕櫚是最早發展出來的開花樹之一。

然而，有很長一段時間，木本的開花植物根本就很少見，因此，開花植物很慢才擴展到較高緯度的地區，特別是南方。某些古老的植物，例如蘇鐵和本內蘇鐵，則開始式微。

動物方面，北方和南方的分野愈來愈明顯。勞亞古陸地區的蜥腳類消失了，取而代之的是鴨嘴類草食恐龍和有盔甲的恐龍。在南邊，蜥腳類則是以一種稱為巨龍類的族群繼續繁衍，某些也有盔甲。事實上，有證據顯示，某些也在北方重新出現。

鳥類顯然在北半球和南半球都繁榮的發展。牠們慢慢的變得愈來愈特化，也變成愈來愈高明的飛行家。牠們演化出比較深的龍骨狀胸骨，以支持更大的飛行肌，而且有些品種開始喪失了牙齒和尾巴。奇怪的是，牠們也很快的演化出會跑和會潛水的非飛行型形式。綜觀整個歷史，鳥類總是有辦法在不需要的時候丟棄牠飛行的能力。

在這段期間，兩極地區經歷了一段極為特別的豐盛期。兩邊極地都沒有冰，甚至赤道地區的針葉木開始消頹的時候，北邊的針葉樹品種卻反而多元化起來。

勞 亞 古 陸

古地中海

岡 瓦 納 古 陸

白堊紀中期，海平面達到恐龍時代的最高峰。亞洲、非洲、和南北美兩洲有很大的部份都被水淹沒。

同時，大西洋海床把南北美和歐洲、非洲分開。古地中海把北邊的勞亞古陸和南邊的岡瓦納古陸完全斷開。印度已經往北移向亞洲，但是南極和澳洲之間的裂谷還沒有被水滲透。歐洲只是一連串的島嶼，北美則被一條內陸海道所切割。大約四分之一今天的地面都被水所掩蓋。

由於在分隔的陸塊上演化，植物和動物的多樣性愈見增加。溫暖的赤道洋流沐浴著兩極地區。

南方有充分的證據，例如紐西蘭的煤礦中充滿了針葉和蕨葉化石，顯示森林一定覆蓋了整個南極地區。然而，這些森林給專家們帶來一個大謎題。即使氣溫很溫和，這樣茂盛的森林，要如何渡過二到三個月全然黑暗的日子？

如果植物因成長和呼吸而持續消耗能量，同時又無法利用陽光來製造新的食物，那麼它一定會死亡。這些極地森林所處在的，正是極度光明和極度黑暗的異常地區。

春天的時候，太陽上升，然後在夏季期間逐漸建立起24小時的永晝日子。然而，太陽從來不會爬到天空的高處──相反的，它只是持續的低懸在地平線附近。秋天的時候，太陽落下，然後就好幾個月不見蹤影。整個冬天，黑暗只是從垂暮到完全漆黑的程度變化而已。

從阿拉斯加和澳洲的發現顯示，兩極都有非常相似的植物在這樣的情況下旺盛生長。就表面上看來，它們和今天紐西蘭的原生森林一樣──以針葉樹如古老的羅漢松類（比方rimu）和樹蕨為主。羅漢松（podocarp）字面上的意義是「足果」，這種樹最特出的地方，就是它會結「果」的粗大的莖，據說它的「果實」的形狀很像腳。

極地老森林應該比今天的森林開闊，較高的樹木四處散佈，以吸取低落的夏日陽光。在有陽光的月份，森林持續成長，但是冬天的時候，樹木若非讓葉子全部落光，也一定也有某種辦法來使自己進入蟄伏的狀態。

下層的植物如地蕨，可能全部枯死到只剩下根部。估計當時的平均溫度，可能

昆蟲中的巨無霸：沙蟴（weta）和恐龍大約同時演化，牠之所以能夠持續留在紐西蘭，直到人類抵達，是因為這些島嶼上沒有哺乳類動物。沙蟴居住的環境，在其他地方正是適合鼠類聚居的所在。

從頗溫和（像今天的倫敦）到頗極端（像安克拉治、平均溫度不會比攝氏0度高多少）都有。冬天的氣溫和光度，應該是低到足以迫使植物進入冬眠。

事實上，地質學家安德魯·康士坦丁（Andrew Constantine）聲稱，澳洲永凍層的證據和恐龍的骨頭在同一個地層。這表示，恐龍曾住在溫度從來沒有溫暖、持久到足以使地面解凍的地區。

無論解答是什麼，極地的「繁華時光」只佔了白堊紀的一部份而已。到中世代末期，有證據顯示，氣候已經開始稍微轉冷，而這似乎對地球兩極地帶脆弱的生命平衡，造成了災難性的衝擊。

樹蕨是古老的植物，它的歷史可以追溯到石炭紀──比恐龍時代早過一億年。

極地森林在夏天的時候雖然有24小時的陽光，但是太陽從來沒有爬到天空很高的地方，因此植物必須充分利用低角度的光線。

定於石：這是在紐西蘭奇立歐海灣（Curio Bay）一棵一億年歷史的化石樹幹。當時紐西蘭是南極陸塊的一部份，被茂密的森林所覆蓋。

第 一 道 日 光
七 月 —— 冬 季 結 束

一道昏晦的凌晨曙光在地平線上乍現，勾勒出滿地森林覆蓋的景觀。河流像銀線般穿梭過茂密的植物，沿著兩岸，冰灘溶化。這是南極的春天降臨。在世界其他地方，季節來來去去，有時潮，有時乾，但是極少有徵候點明季節的更換。在這裡，極地的春天卻可以轉變生命。過去兩個月，這裡完全沒有太陽，森林處在生命暫停的狀態。此時，地平線上微弱的光線，像是給繼續成長的季節發出啓動的信號，正如植物之受光線指引而重生，居住此地的動物亦是如此。

一陣陣刺耳的嘶嚷聲，打破了森林漫長的寂靜冬日。一株臥倒的大羅漢松樹幹上，兩隻褐色和綠色交雜的小恐龍正在互相恫嚇。周圍的蕨類叢裡，相似的恐龍在一旁警戒的聒噪、叫囂。一群雷利諾龍（Leaellynasaura）的社會結構，正面臨著交配季節的干擾。整個冬天，恐龍群嚴格的階級制度，幫助成員在黑暗的森林裡生存。食物短缺的時候，健康情況良好的總是比衰弱的先取得食物，以避免爭吵。但是交配季節則是挑戰既定規則的時候，或許還可以藉之建立新的秩序。這群恐龍總數大約20隻，包括成對的成獸、單獨的公獸，和一些幼獸。就和所有的雷利諾龍群一樣，這個族群是由一對有繁殖力的配偶所統領，雖然所有成獸都會交配，很多母獸都會產卵，但通常只有居統帥地位的母獸，會成功的扶養出幼獸。在這些母獸所產下的大約200顆蛋當中，有四分之一活不到離開窩巢，還有超過一半，要不是在前幾個月就被掠食者殺死，就是熬不過冬天。如果其中有15隻存活，就算是一個好年頭了。

在短暫的交配季節裡，由於年輕的成員試圖取代當權的獸隻，公獸之間的競爭通常十分激烈。競爭通常是以大吼和恫嚇的形式表現；只有很偶然的情況下，

極 地 恐 龍

本章的動物是以澳洲的發掘為基礎。在恐龍時代，後來成為澳洲的那塊陸地位於比今天還要偏南很多的地方，並與廣大的南極大陸相連。這表示，近年來在墨爾本附近挖掘出來的化石，是南極圈內生命的肇始。雖然當時那兒森林密佈，並非由冰雪所籠罩，然而以中世代的標準而言，氣候仍是相當極端。下列的每一種動物，都必須找到自己的方法，以利用夏天24小時的太陽，並在冗長、寒冷的冬天裡，熬過無盡的黑暗。

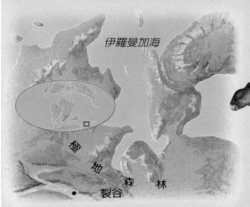

伊羅曼加海

極地森林

裂谷

維多利亞省位於一個大內陸海的末端，該內陸海劃分的區域，正屬於今天的澳洲。其東北邊有高原，南邊是一個裂谷。

雷利諾龍

小而精巧的兩足動物，以群居方式住在森林底部，特點是有大眼睛和放大的視覺葉片，使之在黑暗中也能看得見。這種動物非常適合做極地森林的永久居民。

證據：主要是在澳洲墨爾本南方的歐特衛牧場（Otway Range〔恐龍灣 Dinosaur Cove〕）發現的一副骨骸。

大小：成獸身長正好超過2公尺，站立時臀高大約50公分。頭部大約17公分長，可以觸及離地1.3公尺的高度。體重大約10公斤。

食物：一般性的草食，亦即蕨類、苔蘚。和石松。可能擅長攫取植物特別有營養的部分，例如果實和幼苗。

時間：一億四百萬至一億一千二百萬年前。

木他龍

一種堅實、強壯的草食動物，是禽龍的遠

親，特點是一個大型的口鼻，可能用來產生一種特殊的呼叫聲。能夠移進移出南極圈，以探採夏季植物。

證據：在昆士蘭靠近木他勃拉（Muttaburra）地方，即距離墨爾本北邊800公里處，發現了一副殘缺的骨骸。

大小：可能長達9公尺，臀高大約2公尺。可觸及5公尺的高度，體重大約3至4噸。

食物：因體型夠大，大部分的植物都可採食，例如蘇鐵、蕨類、和針葉樹。

時間：大約一億一千萬年前。

矮種異特龍

可怕的侏儸紀肉食動物異特龍的較小型後代，在極地區仍算是最大型的殺手。

證據：在靠近澳洲墨爾本的歐特衛牧場，發現了一個指認上有爭議的踝骨。

大小：大約6公尺長，臀高1.5公尺，雖然可能可以立起來到2.2公尺高。頭部大約60公分長，體重稍微超過半噸。

食物：一般的肉食和腐肉。

時間：一億四百萬至一億一千二百萬年前。

酷拉龍

是舊時兩棲動物統領世界時的殘餘。只生存於極地森林，因為那裡的水域對稱霸赤道地區附近的鱷魚而言太冷了。能夠在陸地行走，但是偏好水域。特點是巨大強壯的頭骨。

證據：在澳洲墨爾本南方的史特吉李奇牧場（Strzelecki Ranges），發現了兩個顎骨。

大小：幾近5公尺長，但是只有30公分高。體重超過半噸，其中50公分寬的頭骨佔了一大部份重量。

食物：魚、螯蝦、軟體動物；還有任河水棲的、只要其大嘴巴吞得下去的動物。

時間：一億一千二百萬至一億四千萬年前。

才會有敵對的雷利諾龍真正採取踢或咬的動作。對這些危險時必須依靠速度和敏捷來逃生的動物來說，即使是小小的傷痕，只要是會降低牠們的速度的，都會造成致命的結果。

樹幹上的一隻雷利諾龍，正是位居領袖的公獸。牠大約六歲，從又長又硬的尾巴尖端到鉗子般的喙部，全長幾近3公尺。和其他成員一樣，牠混濁的褐色皮膚上，沿著背部有著鮮明的綠色圖案。而使牠和其他獸隻看起來不同的地方，則是體型。牠的挑戰者大約只有三歲，而且至少比牠短50公分——這並不是一場嚴重的競爭。挫敗的公獸很快就躺了下來，把頭低到盡可能貼近羅漢松的寬樹幹，以這樣的姿勢示意臣服。現在大公獸大可以把牠趕出族群，迫使牠獨自在森林裡

求生，或加入其他的族群。但相反的，大公獸只是轉身離開而已，挑戰本身的低調性，讓較小的公獸免於遭受嚴厲的報復。

　　緊張消退；獸群恢復覓食，並對掠食者保持戒備。許多較大型的肉食動物仍未出現，而整個黑暗的冬天都待在森林裡的獸群，正好可以享受此時所有欣欣向榮的新氣象。但是這種優渥的情況不會維持太久。隨著白天延長，氣溫上升，較大的草食動物會從北方遷移下來，開始到森林覓食。隨之而來的則是掠食者，例如極地異特龍——本區最大最兇悍的肉食動物。接下來八個星期，雷利諾龍會交配，並準備好築巢產卵。在那之後三個星期，就會有新的一代在這裡奔跑追逐。這是一個非常快速的再生循環系統，但也唯有如此，這些小型、容易受傷害的動物，才能先發制人，逃過敵人的魔掌。

（左圖）挑戰時刻：在交配季節，族群中爆發爭吵。對小型草食動物而言，這是一個危險時期，但是這也確保只有最強壯的成員才能繁殖。

　　總之，這些雷利諾龍是倖存者。牠們屬於一種叫做稜齒龍科（hyp-silophodonts）的恐龍群——是小型的兩足草食動物，至少在侏儸紀中期就已經存在了，藉著強壯的後腿和會攫物的前臂，已經在全球各地的高原地區興盛數百萬年。然而，這些極地雷利諾龍有一個特點和遠方親戚不同。由於所選擇的居住地一年中大半時候都要面對半黑或全黑的環境，牠們便發展出超強的視力。牠們的眼睛很大，甚至在頭骨的後方還有兩處小小的隆起，以容納放大的視覺葉片。在空地昏暗的光線中，獸群採食蕨類、苔蘚，和地錢，經常用尖銳的爪把樹耙光，或鑿洞挖取蕨類的根莖。牠們的覓食快又準，頭彎得低低的，尋找去年的枯死蕨類中有營養的殘餘碎片。牠們派出一個哨兵，為任何可能迫近的危險預做警戒。

高高駐守在附近一棵殘木上的哨兵，以後腿直立站著，棍棒似的尾巴不斷做出小動作，以維持在樹幹上的平衡。牠的頭對絲微的聲響或動靜都十分敏感，隨著監視森林的動作前後抽動。所有已經成年的成員都要輪流擔任守望，讓其他同伴有機會安心的進食。此時周圍一片寂靜，因此哨兵喙部輕扣，發出一種喋喋的噪音，示意大半把頭埋在草叢裡的同伴可以安心的進食。

每年此時，雷利諾龍最關心的問題，就是敵對的族群移進牠們的區域，和牠們競爭有限的食物。雖然牠們沒有很清楚的劃定領土界線，也容忍個體成員在不同的族群間進出，但是做為一個族群，牠們與其他群體彼此非常敵對。這使得獸隻在森林裡的分佈十分均衡。譬如，如果有一個地區食物特別豐盛，各族群覓食

凍 結 在 時 光 中

十世紀有很長一段時間，大家都假定，恐龍不會住在靠近北極和南極的地區。雖然當時並沒有永久性的冰帽，但是兩極地區有半年是黑暗的，而且氣溫一定低到了據信恐龍可能無法忍受的程度。

1960年代在阿拉斯加發現的恐龍骨頭，挑戰了這個信念。由於這些骨頭和美國中西部所發現的動物遺骸相似，一般便認為，這些恐龍可能和北美馴鹿一樣，會成群北移到極地，探尋夏季的草食。但近年來在澳洲的發掘，又提供了另一個解釋——有些恐龍可能已經經過特化，可以在極地區域生活。

在數千萬年前，當澳洲慢慢漂離南

極，兩個大陸之間的裂谷下陷時，其中一片小小的汎濫平原被埋藏到地表底下。然後，在最後的這三千萬年，同樣的區域再度被往上推擠，成為離墨爾本南方不遠的

歐特衛和史特吉李奇牧場的堅硬沙岩。沿著海岸，海洋揭露了有一億二千萬年歷史的汎濫平原和死於該處的動物骨骸。由湯瑪斯和佩特·理奇（Thomas and Pat

恐龍灣位在墨爾本的南方，難以抵達。探勘該處的古生物學家必須依賴義工和商業團體的幫忙，才能接近懸崖中的化石。

的範圍就不會太廣，因而也就減少了衝突，獸隻分佈的密度也會很高。一個族群的數目，有可能變得太大而不符合實際的運作功能，此時該族群就會分裂成更小的團體。在食物貧瘠的地區，其結果就和上述相反。如果因為缺乏食物而使族群的數目急遽下降，這個族群就沒有辦法保護自己，去和其他的族群對抗，此時族群就很可能解散，或者被其他族群所吸收。

　　曙光在地平線上出現之後一小時，微弱的光線就消失了。春季的第一天結束了。雖然來去如此短促，它卻已經毫無回頭餘地的改變了極地森林深處的生命。現在，植物和動物都開始打破冬眠狀態，準備迎接每天24小時陽光的日子到來。

Rich）所領導的一群古生物學家，從1980年開始探勘這個海岸。

　　這不是一件容易的工作。在如今名為「恐龍灣」的地區，他們必須用開礦的設備鑽取隧道到懸崖裡面。他們的報酬，就是發現了一整個很特別的恐龍社區，這些恐龍據信不但能夠適應極地森林，而且活躍的生活在那種獨特的永夜和永畫的環境裡。其中佔最多數的，是一群稱為稜齒龍科的恐龍——這是一種小型的兩足草食動物，一般認為在其他地方是住在高原地區的。有好幾種品種被發掘出來，其中有一種特別有趣。這種恐龍的名字叫做雷利諾龍（以理奇夫婦的女兒命名），其保存完整的頭骨顯示，牠不但有很大的眼窩，而且頭後面的隆起可以容納放大的視覺葉片。湯瑪斯·理奇認為，這是為了能在冬季永夜時看得見並維持活躍的特化結果。

　　這個看法引起了爭議，因為這表示，雷利諾龍必須適應零下的氣溫，因此也就必須有某

石中之寶：這是一隻雷利諾龍的頭骨頂部。最驚人的特點是大眼窩，和頭骨後方可以容納放大的視覺葉片的小小隆起。理奇相信，雷利諾龍有非常好的夜間視覺，可以幫助自己在漫長的極地冬天生存。

種方法來製造體熱（見頁104「熱血的爭論」）。不僅如此，關於恐龍為何絕種最有力的論點之一，就是認為火山活動或隕石撞擊，造成大氣中充滿了雜質，遮蔽了太陽，使世界在瞬間陷入暫時的冰河期。如果有一群恐龍早已適應了這種環境，那為什麼牠們沒有存活下來？

　　很不幸，澳洲的恐龍遺骸很少，即使那裡有恐龍活得比世界其他地方還要久，要找到證據，恐怕也要有很大的運氣。

森林甦醒
八　月 —— 春　天

白晝很快就變得愈來愈長，晨霜已經不再出現。而今太陽的熱氣所產生的濃霧，正好懸在最高的樹頂下方。在樹蕨林底下，厚毯般豐饒的地蕨正在成長，雷利諾龍群正好大飽口福。牠們正在一個老河谷的附近覓食，此時河谷裡充滿了水，形成一個黑暗靜止的池塘。突然，哨兵讓牠們安心的扣喙聲，變成了尖銳的警戒性呼叫。池塘岸邊的正上方，有一個低矮黝暗的洞穴，哨兵察覺其中有所動靜。春天的氣溫，喚醒了裡面的冬眠居民。

一隻巨大的酷拉龍（Koolasuchus）正從洞穴後方的枯葉中起身，把大頭伸出去探勘洞外的空氣。整群雷利諾龍都把注意力集中在這隻巨大的兩棲動物身上。牠黑色無眼瞼的眼睛長在頭頂上，讓牠對森林有完美的全方位視野。牠打開嘴巴，露出整排可怕的牙齒，那些牙齒是專為咬殺和切割魚而設計，魚是酷拉龍的主食。

酷拉龍溜出洞穴，沿著岸邊滑動，並藉著抓取羅漢松的根部來使力。隨著身形畢露，我們可以看出，比起強悍的顎部和沈重鏟形的頭骨，牠的身體顯得奇異的瘦小。離開了水，酷拉龍是一個慌張失措的陸上新手，和附近那群輕巧、迅速的恐龍放在一起，更是顯得格格不入。很久以前曾經稱霸地球的巨型兩棲類動物，大多早已絕種了，鱷魚已經在全世界其他地方取而代之，但是在南極，這個其他爬蟲類敵手熬不過冬天的地方，酷拉龍生存了下來。

雖然潮濕的洞穴因為沒有淹水的危險，是冬眠的理想地點，但是洞穴前方的小池塘，無法給酷拉龍這類大型的動物提供足夠的食物。酷拉龍夏天住在蒼翠的河流水域中，用牠的大嘴巴偷襲魚群。河流也以豐富的烏龜、螯蝦，和蛤蜊，提供牠多樣化的食物。可是河流位在100公尺之外，酷拉龍得面對冬窩到夏居這段危機四伏的旅程。

來 自 過 去 的 巨 型 倖 存 者

想像一隻重達半噸、牙齒長達10公分的蠑螈，這樣，你就可以得到酷拉龍的形象，世上所有曾在河中捕獵的兩棲動物中，這是有史以來最兇狠的之一。牠有一個巨大、扁平的鏟形頭部，有強壯的顎，長在頭頂上的眼睛讓牠有清楚的全方位視野。此外，酷拉龍頭骨的表面有一列列凹槽形構造——酷拉龍活著的時候，裡面充滿了神經組織，能感應水中的振動，警告牠有其他的動物迫近。雖然有強壯供游泳使用的尾巴，但是酷拉龍可能是以靜躺在河底的方式狩獵，等獵物游得夠近了，突然張開嘴巴一吸，讓對方命喪九泉。

酷拉龍在極地森林狩獵的證據，來自澳洲維多利亞出土的兩塊80公分的顎骨。這兩塊顎骨最特出的地方，就在於它們出土的地點本身。酷拉龍是屬於一群稱為迷器科（labyrinthodont）的兩棲類動物，這種動物非常古老，當恐龍初次在地球上出現時，牠們已經開始步入式微。一般都以為，迷器科早在顎骨存在年代之前的五千萬年，亦即接近侏儸紀末期，就已經絕種了，全世界各地適合牠們生存的地區，都已經被鱷魚所取代。然而現在看起來，好像牠們還在南極區域撐持了一段時間。古生物學家湯瑪斯·理奇相信，這是「末亡」物種在南極活躍的證據。換句話說，因為極地森林是一個極端的環境，許多生物都難以生存，而能夠設法適應該地的動物，便可以得到某種程度的保護，較無被取代的威脅。

原先一般也相信，肉食動物的異特龍，在澳洲顎骨所存在的時間之前就已經絕種了，但是該處的發現，還包括了一塊小踝骨。有些科學家相信，這可能屬於一種矮種的異特龍，這種異特龍可能藉由適應寒冷的南方，才得以比其表親活得更久。

最後的避難所：在全世界各地，鱷魚統治水道，但是在極地區的河流，古老的兩棲動物如這頭酷拉龍，仍然是頂尖的掠食者。

沿著酷拉龍頭部和眼睛的周圍，有一列凹槽狀物。這些是感知水中振動的感應槽，讓酷拉龍能夠在充滿泥漿的河裡狩獵。

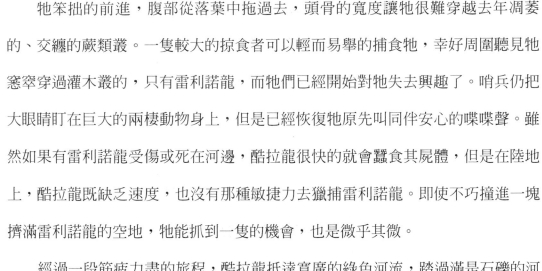

牠笨拙的前進，腹部從落葉中拖過去，頭骨的寬度讓牠很難穿越去年凋萎的、交纏的蕨類叢。一隻較大的掠食者可以輕而易舉的捕食牠，幸好周圍聽見牠窸窣穿過灌木叢的，只有雷利諾龍，而牠們已經開始對牠失去興趣了。哨兵仍把大眼睛盯在巨大的兩棲動物身上，但是已經恢復牠原先叫同伴安心的喋喋聲。雖然如果有雷利諾龍受傷或死在河邊，酷拉龍很快的就會蠶食其屍體，但是在陸地上，酷拉龍既缺乏速度，也沒有那種敏捷力去獵捕雷利諾龍。即使不巧撞進一塊擠滿雷利諾龍的空地，牠能抓到一隻的機會，也是微乎其微。

經過一段筋疲力盡的旅程，酷拉龍抵達寬廣的綠色河流，踏過滿是石礫的河灘，穿過雜亂的木賊叢，滑進懶洋洋的水流裡。河裡充滿了小小的無脊椎動物，例如水蝨、介形綱水蚤類（ostracodes），和藻類，河水也因這些生物而顯得綠。顏色太濃濁了，酷拉龍看不遠，但現在既已回到自己熟悉的地方，就不需要眼睛了。牠頭部交錯的淺色線條，是複雜的知覺系統，可以察覺水中的種種振動。當牠一動不動的坐在河底，小腦袋便會建構起一張偵測周圍的「動向圖」。只要有潛在的獵物擾動了圖表的模式，牠就會從黑暗中跳出來。

繁 殖 的 時 刻
十 月 ── 晚 春

要等到明年三月，日頭才會沈落。現在太陽只是每隔24小時向地平線的方向傾靠一下，象徵性的示意著夜晚的存在。森林也發展出利用這種低而斜角的光線的結構。最高的樹種如雄偉的羅漢松和南洋杉，向四方擴展，形成開闊的上層天篷。容許足夠的陽光穿透下來，形成由蕨和蘇鐵所構成更密實的中層天篷。在這個下面，十分蒼翠茂密的森林底部，長滿了適應昏暗光線的各種植物。這些整個冬天都在冬眠的植物，此時要彌補失去的時光。亮麗的嫩葉開始從樹蕨的頂冠綻放開來，新葉也充滿了羅漢松的天篷。

在枝葉間，原始鳥類如侏儒鳥（Nanantius）從此樹飛到彼樹，背部藍色的虹光在日照下閃爍。侏儒鳥不會唱歌，但是當牠們在溫暖的春天氣息裡互獻殷勤、展示魅力和挑戰時，會發出喋喋不休的聲音。那聲音和春天孵化昆蟲的低鳴交雜——生命活潑的喧嚷，已經取代了冬天的寂靜。在遙遠的某處，一隻大掠食者的吼叫，加入了噪音的陣容。對雷利諾龍而言，這不是一個受歡迎的聲音。

雷利諾龍群的母獸，很快就要準備產卵了。就和交配期一樣，牠們都有一種危機感。幼獸必須在下一個冬天來臨之前長到某種大小，否則會被寒冷所擊倒。和大多數恐龍一樣，雷利諾龍是陸上的築巢者，對牠們來說，這是一段很容易受傷害的時間。牠們已經在一棵成熟的樹蕨底下，找到一塊微微隆起的地面。一棵老南洋杉的殘木提供了良好的守望點，而且已經有一隻年輕的公雷利諾龍站在那裡守衛，眼睛偵查著森林，喉部發出喋喋的安撫聲。事實上，獸群和其祖先已經使用過這個地點好幾次了，但是每一年，尋找一個合適的築巢地點，彷彿都是一件重新開始的工作。

> 雷利諾龍的幼獸必須在下一個冬天來臨之前長到某種大小，否則就會被寒冷所擊倒。

母雷利諾龍焦急的把落葉聚集成堆，細長的手臂小心的將落葉堆塑成完美的窩巢，這樣等到產下卵以後，腐爛的葉子所提供的溫暖，就可以幫助卵抵禦氣溫的變化。統領的母獸在最高點築巢，其他母獸則圍繞著牠周圍築巢。較年輕的母獸把巢築在最外圍，地點比較不安全，築的方法也比較不內行，因此，比起統領母獸的蛋，牠們的蛋比較容易受到掠食者的侵害，並受到溫度改變的影響。牠們的幼雛沒有幾個能夠存活。這好像很殘酷，但這正是自然給予某些幼雛最好的生存機會的方法。統領的配偶會傳下最強的基因，其子嗣將與族群大部分的獸隻有緊密的血緣關係。從牠們孵化的那一刻開始，族群中所有獸隻都會幫忙照顧牠們；於是，這些統領階層的子嗣存活率就會很高。

一旦卵產下來，窩巢就需要不斷的照顧。溫度要隨時注意，葉子也要經常更換。每一對公獸和母獸輪流做這些工作，好讓配偶有機會進食。但是整個族群都被束縛在這個區域，這使牠們很容易受傷害。雷利諾龍有能力以極快的速度穿越茂密的森林逃跑。只要一聽到警鳴，牠們就可以以迅雷不及掩耳的速度，跑跳過最厚實的植物，鑽進矮灌木叢裡消失。然而，牠們不願輕易的放棄窩巢，因此，牠們在孵化期間的第一線防禦，就是根本避免被發現。

一小群雷利諾龍離開孵化區，來到靠近河流的森林邊緣覓食。在一個小支流匯入主要河道的地方，岩石上長滿了厚厚的苔蘚，且苔蘚間新的蕨葉和地錢欣欣向榮。對一向留意安全的恐龍而言，這是個不尋常的開闊地點，但是豐盛新食物的引誘，令人難以抗拒。

測試氣溫：一隻具統領地位的母雷利諾龍用喙部檢查巢穴的溫度對所產的卵是否恰當。

　　牠們已經在沿河而下一百公尺的地方被盯上了。一隻成年的公異特龍正躲在一叢矮羅漢松的後面。早先穿過森林的吼聲，就是他發出的。牠並不是這裡的冬季居民，但是現在氣溫上升了，對那些在他處渡過嚴冬的動物，森林變得比較有吸引力了。就和酷拉龍一樣，這隻異特龍是其族譜裡的最後一支，雖然在極地堡壘安渡了寒冬，但現在卻面對著滅種的威脅。異特龍是稱霸侏儸紀的掠食者，但到了白堊紀，已經被其他的物種所取代，尤其是比較小型的團隊獵食者。這隻公獸只有大約5公尺長，比牠的老祖宗矮很多，但是要收拾一隻雷利諾龍，仍然綽綽有餘。

　　異特龍緩緩的沿著河岸，躡足過深厚的灌木叢，圓圓的黃眼珠不停的檢視自己和獵物之間的距離。牠的頭有一個強有力的顎部，表情因為臉上層層角質的紋路，而刻劃出一副惱怒的模樣。由於河水奔流的聲音，哨兵沒有聽到牠；也因為牠背上綠色和黃色的條紋和樹叢混淆，哨兵也沒有看見牠。其他雷利諾龍繼續採食，偶爾抬頭張望，嗅嗅空氣，但是牠們也一樣毫無察覺。異特龍很謹慎的行進，但是灌木叢很茂密，牠常常必須停下來，檢查自己和雷利諾龍群的相對位置。

　　當異特龍抵達河岸前的最後一排植物時，離雷利諾龍群已不到20公尺遠了，牠停下來衡量自己的機會。牠比獵物幾乎大三倍，如果在平地上直線追擊，可以輕易把獵物捕到手。但是在河岸這裡，地既不平也不直；雷利諾龍的敏捷和速度，將成為最大的考慮。唯一有利於異特龍的，只有出其不意這個因素而已，然而，就在一瞬間，牠連這個優勢也失去了。很難說到底是哨兵看到掠食者的尾巴移動，還是聞到對方特出的肉食者氣味，或只是聽到掠食者胃部的蠕動，總之，哨兵發出一聲粗啞、刺耳的嗥叫。獸群即刻四散奔逃。異特龍從樹叢裡跳出來，指

爪伸出，血口歡張。

一隻雷利諾龍不小心逃向掠食者的方向，異特龍立刻向牠襲來。在此同時，小草食者跳起來，迅速的把堅硬的尾巴往一邊一跩，這是個讓牠能在半空中旋轉，並改變方向的手法。異特龍的嘴巴撲空，轉身試圖抓住雷利諾龍時，腳在長滿苔蘚的岩石上一滑。異特龍的手臂騰空撲打兩次，重新取得平衡。只有尾巴微微生氣的抽搐，透露出失望的心情。牠毫無表情的臉檢視著河岸，而雷利諾龍群已經杳無蹤影了。

牠的注意力馬上被河流下方較遠處一陣沈重的奔騰聲所吸引。異特龍抬起頭，嗅嗅空氣，聞到牠最常捕捉的獵物木他龍（Muttaburrasaurus）熟悉的味道。

無聲獵手：一隻雄性極地異特龍，躲在樹蕨下準備偷襲。由於眼睛長在頭的兩側，牠具有極佳的全方位視野，在偵查獵物的時候，可以維持完全不動。

與此同時，一隻3噸重的母木他龍出現在河流轉彎的地方。牠的後面跟來了一隻接一隻，直到終於有為數30隻的一小群木他龍，越過淺灘而來。牠們是從位於伊羅曼加海（Eromango Sea）邊緣的冬季居住地，往南遷移800公里來到此地的。當牠們沿著海岸移動時，便漸漸形成為數高達數千的浩大遷移群。但是，現在已經到達旅程的最南端了，牠們又分裂成許多小團體，繼續往河谷上游移，尋找豐盛的夏季草食。

矮種異特龍已追蹤牠們大半個旅程了。要對付一頭完全成長的木他龍，牠還不夠大，而且獸群的結構保護著許多小獸，然而旅途勞累，已讓較小的獸隻付出沈重的代價，異特龍是隨時都準備好要攻擊病弱者的。正因如此，所以獸群多半

又回來了：經過幾近800公里的遷移旅程，第一批木他龍抵達極地森林──牠們的夏季採食地。

是以較年長、較大的獸隻佔多數，其中有些已經體驗過這種年度旅行幾十年了。

木他龍是禽龍非常遠的遠親，有著厚重的後腿和較小的前臂，但是通常仍以四足走路。一頭大公獸從鼻子到尾巴可以長達8公尺，使獸群看起來像一堵堅不可攻的、移動的肉牆。牠們的身體是淺綠色的，背部帶著斑駁的黑斑，腹部則是白色的，然而最引人注目的特點，則是一個放大的「羅馬式」鼻子，兩邊各閃著明亮的橘紅色彩。木他龍鼻子旁邊的皮膚很鬆，呼叫時橘紅色的鼻囊會脹大，透

怪 物 的 聲 音

關於木他龍有許多爭議。目前我們所知道的，都是來自一副不完整的殘骸，雖然一般認為牠們和禽龍有親屬關係，但是有些科學家駁斥這個說法。

1981年澳洲木他勃拉附近所發現的化石，有一點可以確定，就是這個動物有一個非常大的鼻子。複雜且放大的鼻腔，正是鴨嘴類恐龍（或稱鴨嘴龍）的特點，這種恐龍在白堊紀後期很活躍，而且也和禽龍有親屬關係。自二十世紀初以來，古生物學家就對這些奇形怪狀的頭部裝置所隱藏的目的，感到疑惑不解。有一些在鼻骨上形成一個高高的冠，有一些則形成扁平的盔帽，有一種似棘龍（*Parasaurolophus*），鼻子上長了一個長長的、向後的管子，像潛水艇的換氣管。

原先有人認為，這種裝置是要幫助鴨嘴類恐龍在採食水底植物時能夠呼吸，但是後來科學家發現，這是一種所謂「盲孔」的管子——也就是說，它是以倒轉的U字型彎過來，在尖端的地方封住了——因此，是不可能做為換氣之用的。這些管子也不可能加強嗅覺，即使能，也無法解釋為什麼會有這麼多不一樣的形狀。但是它們可能具有鮮豔的色彩，以做為物種或性別指認之用。

最近，在對似棘龍的鼻冠進行詳盡檢查之後，一項新的假說被提出來。古生物學家大衛·維善佩爾（David Weishampel）分析管子裡的空氣通道，結論認為，該結構是專為產生聲音所設計的。強壯的口鼻會產生低沈、有共鳴的呼叫聲，而不同體型的動物，無論是幼雛、公成獸、或者母成獸，都會產生不一樣的聲調。維善泊爾甚至還建造了一個複製品，來闡明他的論點，他往裡面吹氣，發出了一種類似丁結里都（譯註：didgeridoo，一種澳洲土著的傳統長管型樂器）的聲音。後來，他又進一步用電腦計算其中音室的共鳴，以及似棘龍肺部所產生的空氣流動。結果，電腦創造出一系列令人驚悚的叫聲，從長而低沈的呼號到尖銳刺耳的警鳴，無所不有。

這類細節的研究尚未運用到其他鴨嘴龍身上，但是我們可以合理的猜測，牠們都有辦法發出獨特的呼叫，而且聲音對牠們很重要。臉部構造周圍的軟組織無法產生化石，因此，這種軟組織會創造出什麼樣的聲音，我們就只能憑猜測了。

化石證據顯示，木他龍有一個很大的「羅馬式」鼻，而伸展其上的皮膚，能夠產生一連串複雜的呼叫聲。

過嘴巴呼氣，利用鼻腔來產生共鳴。其結果，是一種非常特出的低鳴，聲音可以遠遠傳過密實的森林，幫助獸群的個別成員，彼此保持聯繫。當閉上嘴巴，把空氣很快的噴出鼻子時，木他龍也可以發出一種具穿透性的高聲調警鳴。

第一隊獸群的叫聲，得到河對岸另一隊獸群的呼應。這些木他龍已經在雷利諾龍群的上游不遠處，找到一片廣大、長滿蕨類的氾濫平原。巨大的草食動物在那裡安頓築巢，幾隻大母獸已經開始挖洞，準備產卵。洞與洞之間的距離約是一頭獸隻的長度，這樣才會有足夠的空間讓父母來來去去，而不至於打擾他人。每一個洞大約剛好一公尺深，周圍的壁高大約50公分。把土挖出來以後，母獸用植物把巢舖好，將蛋產在其中，然後用更多的葉子把蛋蓋起來。和雷利諾龍所使用的「堆肥」不一樣，木他龍使用植物最主要的目的，是要保持蛋的清涼，不要被陽光曬到。獸群的活動，吸引了矮種異特龍的注意。牠一動不動的站在森林邊緣，尋找任何弱者的跡象。牠不可能找得到的，因為長遠的南移旅程，已經淘汰了大部分老者和弱者。而且在沿河而上的路途中，所有木他龍都已經飽餐過了。然而，再過一段時間，等幼雛孵化，母親就會因為供養幼兒須消耗力氣，而衰弱下來，那時，異特龍就找得到飯吃了。

此時，異特龍藉著逼近一隻單獨的母獸，來試驗木他龍獸群。但就在異特龍條紋的身體暴露出來的同時，獸群便開始發出警戒的號叫，並且對異特龍做出攻擊的架勢，希望能就此將牠嚇走。異特龍很快的撤退，但是一直要等到牠遠遠離開了視線，獸群才放鬆下來。要等到木他龍來臨，森林的季節轉化才算完成。從不過幾個月前的黑暗和寂靜，此地已然變成一個富饒的聚居地，許多形式的生命，正在好好的利用這無止無盡的陽光。

> 木他龍會製造出一種非常特出的低鳴，聲音可以遠遠傳過密實的森林，幫助獸群的個別成員，彼此保持聯繫。

新 的 一 代
十 一 月 ——— 初 夏

羅漢松頂上的天空，一排排翼龍向南飛，從森林升上來的濕暖氣流，協助牠們維持毫不費力的飛行。到達較高的地面上空時，牠們一個接一個成漩渦狀上升，先爬到天空的高處，然後才俯衝下來，接著滑翔過數公里長的暗綠色景觀。在樹蕨林底下，雷利諾龍群已經產下了卵。在哨兵的警覺戒備中，父母忙著照顧牠們的蛋窩。這些小恐龍必須辛勤工作，使窩巢裡的溫度保持在穩定的攝氏31至32度之間，因為在某些日子裡，氣溫有可能高過這個數目。在涼爽的樹蕨底下，牠們不時用喙部偵測蛋窩的溫度。如果太熱，牠們必須

養 育 小 寶 寶

雖然恐龍蛋首次被發現，是在1859年的法國，而且1923年也在蒙古挖掘出整個的窩巢，但是恐龍蛋真正被當做資料來源來看待，還是非常晚近的事情。如今對小小的蛋殘片，和纖弱的化石窩巢的認真研究，已經產生了非常豐富的科學證據。

我們幾乎可以確定，所有非鳥類的恐龍，其繁殖方式都是在地面上築巢產卵。這些窩巢，從簡單的直線排列，到刻意建造出具圓形凹洞的外圍邊環，變化多端。

恐龍蛋的大小和形狀各有不同，但再大也不比一顆足球大多少。蛋殼很硬，但是有無數的毛細孔可供空氣流通，以便發育中的恐龍能夠呼吸。蛋的表面也常有凸塊或隆起，以防蛋與蛋之間擠得太近。這些精確的適應手段，在在都是要確保每一顆蛋都能夠接觸到充足的氧氣，這似乎證實了蛋被生下來以後，是埋藏在植物或土壤底下的。有些化石的蛋窩顯示，某些恐龍媽媽花了很大

在1922年的一次蒙古探險中，古生物學家羅伊‧查普曼‧安德魯斯（Roy Chapman Andrews），發現了一個恐龍蛋窩的化石，裡面的蛋仍然排列成整齊的圓圈。過去數十年，這些只被當做是有趣的古物，但是現在，古生物學家了解到，它們可以提供我們許多有關恐龍行為的情報。

的心力來安排牠們的蛋。美國蒙大拿州所發現的24顆傷齒龍（*Troodon*）蛋的圓形蛋窩中，每一顆細長的蛋的頂端，都朝向蛋窩的中央。蒙大拿州另外一個發掘地點有證據顯示，某些恐龍把蛋產在孵卵區，每一個蛋窩之間，相距一個身長的距離。

恐龍蛋窩的大小，其間差異極大，但一般來說，恐龍是所謂的「r策略者」，意思就是，牠們傾向於生產許多子嗣，但是投資很少的精力來保護幼小。（就另一方面來看，哺乳類動物則是「k策略者」——牠們生產的子嗣較少，但是卻付出比較多的時間來撫養幼小。）當科學家試圖推測幼雛的命運時，這點具有很大的意涵。

有些發現則表示，可能也有非常關心後代的母親存在。蒙古有一個特別的化石，顯示一種兩

拉掉上面的一些葉子，如果太冷，牠們就開始給蛋多包幾層。

氣溫不是雷利諾龍蛋的唯一威脅。還有好幾種哺乳類動物在極地森林的落葉間出沒，沒有幾種的長度大於3或4公分，但也有些大到足以把恐龍蛋當做理想的餐點。數百萬年來，在地球變化不定的生命戲劇中，哺乳類動物一直都扮演著小角色，然而牠們的數目和物種從來沒有垂危過，事實上，牠們現在正在開始增加。在極地區域尤其是如此，因為溫血和冬眠的能力，讓牠們得以在這個爬蟲類難以生存的氣候裡茁壯起來。哺乳類的成功，給雷利諾龍群造成了問題，因為某些哺乳類動物不只會吃

通常我們沒有辦法把化石蛋和某種特定的恐龍配對，但是偶爾會有整隻的胚胎在蛋裡面化石，就像這個鼠龍（*Mussaurus*）寶寶。鼠龍是前蜥腳類（見第一章），有些科學家相信，牠們會照顧幼雛。

足類的孵蛋龍（*Oviraptor*）在一窩蛋上面擺出看似孵蛋的姿勢，雖然我們很難確實證明那隻動物確實是在做什麼。

傑克‧侯納（Jack Horner）在蒙大拿州的傑出研究則顯示，慈母龍寶寶非常依賴父母。剛孵化出來時，寶寶的骨頭還很軟，侯納發現，牠們的蛋殼碎片堆在蛋窩裡，表示孵化以後，寶寶還留在蛋窩中。蛋窩裡也有植物的證據，可能是成獸帶來餵養寶寶的。

其他化石則暗示，母親不太照顧牠們的子嗣，或者根本就把牠們拋棄不管。有些蛋窩留下一些無甚損傷的蛋殼，那表示幼雛已經發展到相當的程度，能夠在剛孵化以後，就離開蛋窩，因而也就沒有機會壓碎空蛋殼。

恐龍足跡經常顯示幼獸會成群出現，可是卻沒有成獸作伴，而成獸群裡面，則沒有低於某種大小的獸隻同行。要一隻60噸重，頸長12公尺的蜥腳類，擔任一群不到1公尺長的幼雛的好母親，大概是非常

不可能的吧。

各種物種的母愛一定差異很大，但是在大部分恐龍群裡面，比起成獸，有更多的幼獸大概是過著獨立的生活，牠們探尋與成獸稍微不同的區域。不管牠們吃什麼，骨頭分析顯示，恐龍寶寶長得非常快。有些蜥腳類幼雛一天增加2至3公斤，大約和吃母奶的藍鯨寶寶的成長率一樣。奇怪的是，針葉樹和蕨類所能提供的營養品質很低，因此，牠們是如何取得如此豐富的飲食，很令人費解。

最近，在阿根廷發現了一個充滿蜥腳類幼雛遺骸的河谷。成千的蛋殼殘片和小骨頭散置地面，這裡可能曾經是一個河流的氾濫平原。這些化石之所以會保存下來，一定是因為河水暴漲時，把幼雛都掩埋進泥漿裡。總之，該地點並沒有證據顯示蛋窩是經過精心構築的。

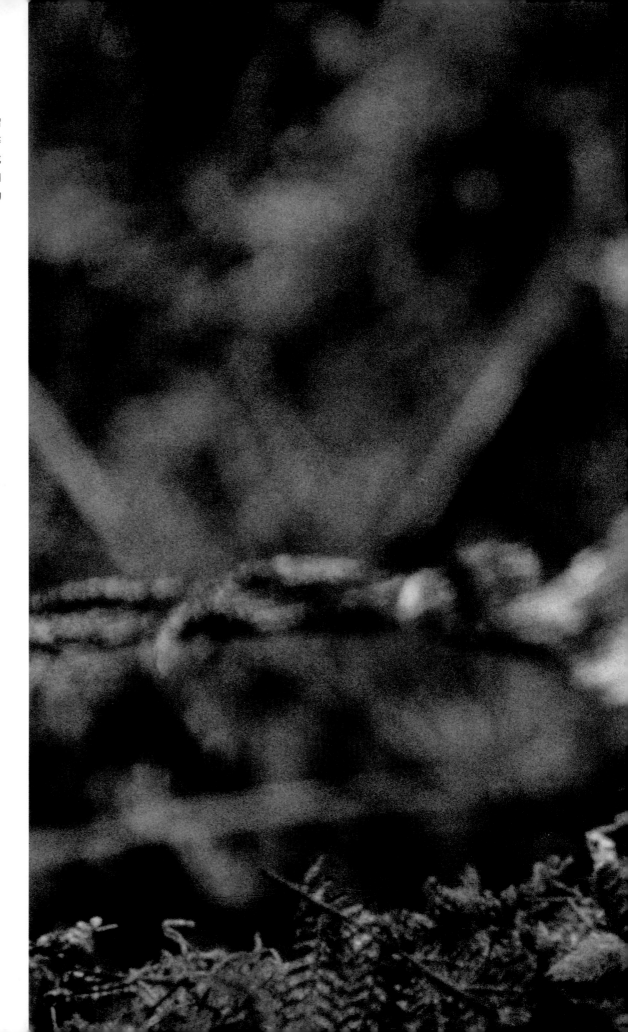

老是飢餓：幼小的雷利諾龍會留在窩巢裡達兩週之久，一方面等待骨頭堅硬起來，同時也學習成獸的舉動。在這段期間，母親和族群的其他成員會以反芻的植物餵養小龍。

蛋，還有一些放棄了吃昆蟲的傳統習慣，開始也吃起種子和嫩葉來。這造成了直接的競爭，所以每當雷利諾龍看見一個有毛髮的面孔，就會份外憤恨的搥地頓足。

一隻母雷利諾龍在一個外圍的蛋窩附近，看見一隻黑毛的硬齒鴨嘴獸（Steropodon）。他是比較大型的哺乳類動物之一，有發展完整的牙齒，頗有可能把母雷利諾龍的蛋拿來當飯吃。母雷利諾龍的反應，是發出一個低沈的警告聲。牠往前踏向硬齒鴨嘴獸，後者不為所動，還往後腿一坐，捲起唇來露出牙齒。恐龍感到憂心——牠知道這種哺乳類動物咬起來很兇悍。牠轉過身，用手把落葉和泥土從後腿縫掃向對方。另一隻雷利諾龍也加入陣容。哺乳類動物很快的就招架不住，撤退到森林裡面，但是牠已經知道蛋窩所在，很可能會再回來。

接下來的幾個星期，哺乳類動物一再的攻擊蛋窩。和往常一樣，外圍的蛋窩遭受到最大的打擊。但是雷利諾龍輪流巡邏他們的窩巢區，終於在產卵20天以後，地面突然開始響起歌聲來。在大堆的樹葉和蕨葉底下，幼雛就要孵化了。牠們不斷的在蛋殼裡面叫著，試圖破殼而出。父母小心翼翼的掀開樹葉，露出底下緊緊相貼的蛋。一個接著一個，蛋殼上出現了裂痕，隨著幼雛利用腿和背部推撬，蛋殼的裂痕愈來愈大。

濡濕的幼雛身長不到30公分。比起成獸，牠們的尾巴很短，前肢很長，而且眼睛很大。但是最值得注意的是，牠們沿著頸部和背部長著一些豬鬃似的尖刺。這些很重要，因為這些鬃刺在緊貼著皮膚的地方，保留了一層空氣；如果氣溫變得反常寒冷，這些長鱗毛有助於幼雛保命。等雷利諾龍寶寶長大，並變得更活躍以後，這些鱗毛就會消失。開始的時候，幼雛要不是留在窩巢裡，就是待在附近——牠們若要跟隨採食的獸群，根本還不夠快，也不夠敏捷，雖然如果被掠食者

> 一個接著一個，蛋殼上出現了裂痕，隨著幼雛利用腿和背部推撬，蛋殼的裂痕愈來愈大。

（左頁圖）清理窩巢：等蛋孵化以後，母雷利諾龍就把所有的蛋殼都丟掉。總會有一些蛋沒有孵化；這時母親就把這些蛋吃下去，以吸收其中的營養。

發現了，牠們倒還有足夠的能力連跑帶爬的逃出窩巢。

在統領者的蛋窩中，12顆蛋裡面，有兩顆沒有孵化。即使對有經驗的父母而言，這也不算太少見，而一旦確定不會有幼雛孵化出來以後，母親就把那顆蛋吃掉，一方面是為了保留營養，另方面也可以防止蛋的氣味引來哺乳類動物。

現在窩巢區成了一個時而活躍、時而寂寥的奇異混合地帶。有很長一段時間，窩巢區都很安靜。只除了因為蝨子咬而偶爾抽動一下身體，否則小小的褐綠兩色的幼雛，若不是睡著了，就是乖乖的坐著，周圍只有昆蟲嗡嗡的低鳴。總是會有一名保母哨兵留在那裡看守。其他獸隻則像平常一樣出去覓食。較老的成員不會把食物都消化掉──牠們會把一部份留在胃囊裡，等回到窩巢，再反芻出來餵養幼雛。成獸回到窩巢區，就和哨兵喋喋不休的交談，伴隨著幼雛呼叫以吸引成獸的注意，整個地區便活絡起來。統領的母獸反芻出一堆綠葉，放在窩巢邊緣，幼雛吵吵鬧鬧的，爭著看誰應該得到最大的一份。

失而復得：幼雛離開窩巢很容易受傷害。然而，牠短促、尖銳的驚叫，很快就會吸引成獸的注意。

一個單一的呼叫聲，停止了成獸的餵食工作。原來有一隻幼雛跑離窩巢太遠而迷路了。隨著幼雛成長，這種情況將愈加常見。兩隻雌性成員跳進矮樹叢裡，去尋找遺失的幼雛。牠還沒有走太遠，但是還在匆匆往錯誤的方向繼續前進。其中一隻成獸用前臂把雷利諾龍寶寶抱起來，帶回窩裡。只要窩巢區不被發現，這種由獸群固定分工照顧的結果，可以保證大多數的幼雛都能安然的渡過牠們的窩巢期。

巨大的雲層開始從西方聚集過來。極地森林正準備迎接慣有的季節性大雨。雨在夏夜橘色的光線中降臨，把天空轉變成骯髒的褐

暴風雨前夕
一 月——仲 夏

色。沒有什麼風，沁涼的雨以沈重的豆大水滴落下。木他龍媽媽站在窩巢的上方，保護幼雛不要受到暴雨打擊，水滴在牠們斑駁的綠背上彈跳。雨水的嘈雜聲淹沒了森林的噪音，在昏晦的光線中，寬廣的河面上大雨蒸騰。在蕨葉天篷的保護下，雷利諾龍群免於直接遭受雨淋，但是沒有多久，雨水就開始沿著葉片而下，滴在窩巢區的上面。此時已經完全具備機動性的木他龍幼獸，在一隻成獸的周圍擠成一團。

雨持續下了整晚和第二天的大半天。河水開始上漲，沙岸一個個的消失。而在氾濫平原的育兒所，木他龍尚未顯出憂慮的徵兆，但是如果雨再繼續下個不停，木他龍的窩巢區可能就要面臨問題。而雷利諾龍則比較有機動性，但是森林的地面像一塊大海綿似的不斷吸收濕氣，此刻已經開始潮了起來，而且處處都開始露出小水塘。

然後，彷彿回應某個看不見的信號似的，雨停了，而且不到幾分鐘，雲也開了，下午的陽光照射下來。雖然這裡的太陽從來達不到和赤道一樣的高度，但是仍然強到足以讓氣溫霎時飛升。幾小時之內，森林開始蒸發起來。一層薄薄的迷霧，充塞著林間低矮的部分，反映出每一道陽光。許多動物坐在落葉和茂密的蕨類叢間，享受蒸氣浴。不幸的是，現在天氣比較開朗，昆蟲也回來了，其中包括了密密麻麻的吸血蠅。母吸血蠅必須吸很多恐龍血，才能使自己的身體製造出足夠的蛋白質來產卵。從河流邊緣出現的吸血蠅，是憑著動物所呼出的二氧化碳，來辨認潛在的宿主的。

恐龍身體的大部分地方都不怕蟲咬，因為吸血蠅的嘴巴沒有辦法穿透恐龍皮

膚典型的鱗甲。但即使是中世代時期的巨龍，也有一些弱點。當木他龍在冒著蒸氣的氾濫平原休息時，吸血蠅聚集在牠們的眼睛、鼻子、和耳朵周圍。一列列的昆蟲排在木他龍橘紅色鼻囊的軟組織上，使寧靜的蒸氣浴變得愈來愈不舒服。有些成獸煩躁的甩著頭，翻來覆去，試圖避開蠅群。不到幾分鐘，幾隻3噸重的恐龍，就被僅僅一公釐長的昆蟲，逼得逃離休歇的所在。

剛孵化出來的木他龍坐在巢穴裡，既然無法隨意離開，很快的也就面臨同樣的蠅群迫害。吸血蠅攜帶一種藉血液傳染的疾病，會造成木他龍貧血，雖然很少直接引致死亡，往往只會造成行動緩慢，然後掠食者的利牙就會來結束牠們的性命。

吸 食 恐 龍 血

在《侏儸紀公園》一書中，恐龍是從留在蚊子體內的基因物質創造出來的，這隻蚊子吸了一頭恐龍的血，然後被困在樹液裡面，數百萬年後，樹液變成了堅固的琥珀。

就像一般最優秀的科幻小說一樣，這個故事有一半是真的──琥珀顯示，當時的恐龍一定慘遭小吸血蠅之苦。

昆蟲學家根據其口部的構造，可以告訴我們許多關於這隻昆蟲的種種，在加拿大發現的吸血蠓（biting midge）化石，身上仍有所吸的巨大獵物的血。現代的蠓通常有特定的宿主對象，這些宿主動物有可能是鳥類、哺乳類、爬蟲類，或甚至其他的昆蟲。

蠓嘴部特殊的觸毛，可以偵測到其他動物呼吸時吐出來的二氧化碳氣柱，有助於牠們找到獵物。經常吸食鳥類和其他昆蟲這類小型宿主的血的蠓，就具有很多這種觸毛。吸食較大型動物的血的蠓，通常比較少有觸毛。吸血蠓化石的觸毛很少，當這些化石活著的時候，唯一夠大且可以符合此現象的，就是恐龍。

恐龍的皮膚殘痕多半顯示牠們有緊密的鱗片，因此，吸血蠓一定是專找柔軟的皮膚部份，例如眼皮、鼻孔、和耳朵。

有些科學家聲稱，加拿大蠓化石觸角上有少數感熱的毛髮，這正好支持恐龍是溫血動物的看法。然而，吸食魚（冷血動物）血的現代蠓品種，常常也有感熱的毛髮，而有些吸食哺乳類動物（溫血動物）血的蠓則沒有，可見這種證據並不具有結論性。

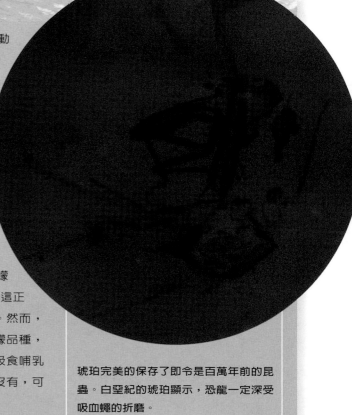

琥珀完美的保存了即令是百萬年前的昆蟲。白堊紀的琥珀顯示，恐龍一定深受吸血蠅的折磨。

一隻異特龍來到河邊飲水。顯然剛剛捕殺過獵物：綠色的口鼻和顎部都濺了暗紅的血。牠也被蠅群所困擾，不斷的搖頭舞爪，以驅趕纏在眼睛周圍的昆蟲。牠把頭浸在水裡，向兩邊拖動，求取暫時的紓解。

雷利諾龍則對蠅蟲比較習慣，牠們的睡眠並非受到昆蟲干擾，而是被在蒸氣中玩耍的自己族類的幼雛吵鬧了。幼雛在成獸之間跳來跳去，學習有一天將成為自己救命手段的緊要動作。牠們的身體很快的就發展出類似成獸的比例，尾巴也開始堅硬起來。許多雷利諾龍的幼雛出生時所具有的長鱗毛也消失了。同時，牠們也開始嘗試新的食物，像在森林地面找得到的石松、地錢、嫩蕨葉，以及羅漢松的新芽。

蟲害：一頭成年木他龍受到一大群吸血蠅的環繞。牠大部份的皮膚都太厚了，吸血蠅無法穿透，於是都蜂湧在牠的耳朵和眼睛周圍。

經過陽光照耀數小時以後，蒸氣散了，風起了，驅走了擾人的蠅蟲。雷利諾龍群移到比較靠近河流的地方覓食。和往常一樣，成獸立即埋頭植物當中，專心採掘和進食。哨兵站在一株臥倒的蘇鐵樹上，偵查附近是否潛藏著任何敵人，有些獸隻偶爾會到河邊飲水。可能是舔水和潑水的聲音，吸引了躺在河底的酷拉龍的注意。雖然這種兩棲動物要抓到一頭完全成長的雷利諾龍得憑運氣，可是若是一隻幼獸，那就另當別論了。

等游進淺灘，酷拉龍不但感覺得到對方的振動，也能以其全方位的視線，看

好險：一隻幼小的雷利諾龍離群到河邊飲水，並沒有意識到酷拉龍這類掠食者的危險性。幸好小雷利諾龍動作夠快，跳離了巨形兩棲動物的突襲，重回成獸的保護。

得到河岸上的獸群。雖然體型不小，這隻酷拉龍的頭和身體卻幾乎都是扁平的，這讓牠可以游過60公分的水域，而不被岸上的動物發覺。到這裡，河岸陡峭的下降。一隻年輕的雷利諾龍在旁邊喝水，不知道自己離巨大的兩棲動物僅有一個顎部的距離。

酷拉龍向前撲，雷利諾龍獸群驚惶四散，那隻年輕的雷利諾龍想要轉身逃亡，卻已經太遲了。因此牠往上跳，而那正是牠遊玩時常常練習的動作。就在酷拉龍把大嘴一闔的同時，小雷利諾龍落足在牠的頭頂上，慌張的跌到一邊，然後再手忙腳亂的跳回岸上。一出了水，酷拉龍就無法很快的移動頭部再咬一次，只能停在那兒，眼睜睜的看著小雷利諾龍撤離岸邊。同時，獸群又回來了。小雷利諾龍傷心的呼號，但是成獸看出事態並不嚴重，便開始嘲弄起酷拉龍來。受挫的兩棲動物退回水裡，但是在離開之前，仍逃不過獸群如雨般擲下的泥巴和石塊的攻擊。

白日依舊又暖又長，但是有一些徵兆顯示秋天即將來臨。雌性羅漢松孕育出它們特有的紅「果實」，許多蕨葉上面也孢子纍纍。恐龍群中的幼獸增加了體重，開始跟得上成獸的步伐。在氾濫平原的邊緣，一隻矮種異特龍制服了一頭老公木他龍。獸群還在附近繼續進食，顯然漠不關心。我們很難判斷，為什麼掠食者這次能夠成功。老公獸有可能受了傷或病了，但是對異特龍而言，這仍是一個大手筆，而且憑牠自己，根本也沒有辦法吃下全隻。

受到新鮮血腥味的吸引，從蕨類叢裡走出來另外一隻異特龍。牠長得比較小，頭垂得低低的走過來，這有可能是表示順服的姿態，但如果較大的那隻異特龍反應不佳，這也可以讓牠有較好的機會撤退。事實上，反應不佳幾乎可說是意

最後的絢爛
二月——暮夏

料之中——異特龍是獨行獵者,而且不輕易放棄斬獲。大掠食者停止進食,擺出一個惡狠狠的架勢,並發出低沈的嘶嘶聲。入侵者繼續前進,讓前者陷入兩難的境地。這裡的肉大大超出牠所能夠消耗的份量,而且很快的,一定會有更多的肉食動物聞腥而來。牠要浪費時間和精力,驅趕每一個新來者嗎?還是,牠只要吃飽了走開就好?顯然,牠決定採取比較不具挑釁意味的對策,又回去啃牠的屍肉,僅偶爾對著另一隻異特龍的方向嘶一聲,或吼一下。正當兩頭掠食者在飽餐的時候,較小的恐龍、甚至一些哺乳動物都來了,牠們在蕨類叢裡徘徊,等著收拾殘羹剩飯。這具屍體可以維持好幾天,但是到最後,所有部位都會被吃得精光。

在森林深處，一陣此起彼落的呼號傳出來。雷利諾龍群受到了威脅，然而那威脅並不是來自掠食者或哺乳動物，而是來自其他的雷利諾龍群。哨兵看見一隊敵對的獸群在附近覓食，於是全體成員便發出挑釁的反應。無論雌雄成獸，都向前衝出蕨葉叢，恫嚇的跳躍和吼叫。入侵者也以吼叫回應，並沒有撤退的意思。比武大會愈吵愈接近，但仍只限於頓足跳腳。等兩邊夠近了，牠們便開始對彼此擲落葉、掃沙子。但是新來者只是要刺探先來者的力量，希望能發現先來者因生病或受傷而變得弱勢。一旦地主隊伍展現強力的演出，衝突就會煙消雲散。入侵者很快就會回到森林裡原來的地盤。

這天稍晚時，木他龍群沿著森林邊緣移動，在枝葉間尋找羅漢松和蘇鐵的果實。用後肢站起來時，牠們的喙部可以觸及5公尺高以上的植物。雖然牠們的前

殺戮：一隻矮種異特龍打倒了一隻老木他龍。等異特龍吃飽了，4噸重屍體剩下的腐肉，還可以餵養許多其他的掠食者。

每年，羅漢松果都給森林裡的草食動物提供年終的盛宴。鮮紅的漿果其實是末端帶著種子的腫大莖部。

肢主要是用來走路，但因為指頭有小小的鼓脹形末端，採食時用來拉扯樹枝的效果非常好。幼獸現在會隨著獸群採葉吃，而且和成獸一樣，只要是不會動的東西都吃。牠們龐大的消化系統有辦法從最不適合食用的植物中萃取營養，其中甚至包括蘇鐵樹尖銳、覆有樹脂的有毒樹葉。

雷利諾龍群受到木他龍聲響的吸引。牠們知道，這些巨大的草食動物不會對牠們造成威脅──無論如何，牠們藏身這些獸群當中也比較安全，獸群龐大的體

（左圖）迷霧中的恐龍：三隻木他龍在夏末的微光中採食幼嫩的羅漢松。在木他龍的腳下，一群雷利諾龍撿食大恐龍弄掉的羅漢松果。（上圖）

型，可以遮蔽牠們，不被掠食者看到。而且，木他龍的飲食習慣很邋遢，在抓樹咬樹的時候，常常把羅漢松的果實扔得滿地都是。雷利諾龍在中間跑來跑去，可以趁機從木他龍腳邊撿食殘餘。

雖然可以賺一頓省力餐，然而這也附帶了危險。有一群3噸重的巨獸在周圍走來走去，雷利諾龍在採食時，必須準備好隨時快速移動，否則就會有被巨大的恩主踩死的危險。

冬日第一場考驗
三 月 —— 初 秋

另一場大雨過後不久，太陽終於滑落到西邊谷地的山壁下。森林在灰暗的暮色中哆嗦——再來將有好幾個月，動物不會再有蒸氣浴了。從現在開始，黑夜很快的會變得愈來愈長；不久，完全的黑暗將壟罩獸群的家。空氣中帶著一股寒意，森林的性格似乎正在轉變。翼龍已經成排飛離瞬息轉暗的南部，許多鳥類也群起效尤。

當日落的徵兆第一次出現時，木他龍群不安起來，發出了黃昏的呼號。響亮、低沈的叫聲在森林間迴盪，得到遠方其他獸群的回應。在富饒的極地區採食

了一個夏天以後，數千頭木他龍將聚集起來，在北移慾念的再度催促下，繼續追逐日漸衰微的太陽。

正當居民急遽減少之際，諷刺的是，這也同時是一年裡森林最吵鬧的時候。在森林邊緣採食的一群雷利諾龍受木他龍所迫，來到開闊的地區。立刻就有一隻雷利諾龍跳到高處擔任哨兵，但是木他龍群造成了許多干擾，牠們呼叫的噪音妨礙了雷利諾龍的聽覺。眞是不幸，因爲有一隻異特龍正緩緩從羅漢松叢裡朝這裡躡足而來。更糟糕的是，木他龍群的活動，更進一步的把雷利諾龍群推向異特龍的方向。

就在獸群更加迫近的時候，異特龍緩緩的伸張指爪，把重心從一腳換到另一腳。在對危機毫無知覺的情況下，哨兵從棲木跳下來，獸群分散開，打算穿過木他龍群，跑回安全的森林。就在此刻，掠食者發出攻擊。牠處身開闊的地區，雷利諾龍群毫無預警，而且，牠們的注意力全放在木他龍群的身上。像異特龍這樣的超級殺手，有此條件就已經足夠了。甚至在一隻半成年的公雷利諾龍察覺之前，異特龍就已經一口咬下去，頸子一甩，隨即把那隻雷利諾龍的背部折成兩段。

異特龍站在受害者的屍體上，齒縫間還懸著一段雷利諾龍的皮。從牠的呼吸中幾乎看不出這場攻擊耗費了什麼力氣。牠彎下身推了推死屍，然後一腳穩穩的踩在受害者的肋骨間，把顎緊扣住屍體的臀部，扯下一條腿。牠頭一抬，把腿丟進喉嚨，整個吞下去。

不遠處，在森林裡的安全地點，雷利諾龍群很快的恢復平靜。重新整隊之後，一名哨兵在附近一株羅漢松的樹幹上就位警戒。

（左圖）隨著白晝縮短，一小群木他龍展開向北的長遠旅程，身後的森林很快就會進入24小時的黑暗期。

237

森林中的突襲：即使雷利諾龍的速度比較快，異特龍卻是非常高效率的突襲掠食者，只要距離夠近，雷利諾龍根本沒有機會逃生。異特龍的顎部一咬，就可以折斷雷利諾龍的背。

黑暗降臨

四月──冬天來了

每一天，黃昏都比前一天來得早一些。一片寂寒籠罩著平原。即使太陽處於最高點之時，那微弱灰暗的光線也難以穿透森林底部的陰沈。

雷利諾龍群依舊忙碌，雖然大部分蕨類都已經變得乾硬灰褐，周圍仍有充足的腐爛果實和菌類，獸群也非常擅於挖掘根和地下莖。

在這段潮濕的時期，酷拉龍浮上河邊等待。大概是被逐漸消沈的光線所驅使，牠離開河流，準備回到森林裡黑暗的洞穴。正和春天一樣，脫離對牠有利的環境將是一段冒險的旅程。幸好較大型的夏日居民早都已經離開。酷拉龍把黑色光滑的身軀拖出水域，掙扎上岸，然後拖著步伐進入森林。雷利諾龍群並不在附近，不到一小時，酷拉龍就在未受騷擾的情況下，抵達水塘。然後牠沿著泥濘的岸邊，尋找洞穴。洞口在夏日期間長滿了雜草，但是牠認得出氣味來，隨即穿過蕨類叢進入。一旦入洞，牠就在潮濕的草葉間安頓下來，準備冬眠。

就在太陽最後一次沈落到西方的地平線時，天空開始清朗起來，晚霞轉成了紅色。大部分雷利諾龍都停止採食。清朗的天空表示，氣溫將會降到今年以來的第一次冰點。雷利諾龍全部擠在一起，分享彼此的體溫。蟄伏的樹林既黑暗又寂靜。上頭高高的穹蒼中，綠色和紫色交織的帷幕在極地夜空中活潑的掀動揮舞。那是這麼多個月以來，第一次再度出現的南極光。

幾個星期過去，寒冬佔據了森林。漫長的

冰冷的慰藉：一隻母雷利諾龍用喙部敲開水塘上的結冰。即令是冬天，這麼低的溫度在森林中仍屬少見，這使小型草食動物面臨沈重的壓力。

極地永夜曾有過溫暖的時刻，但是現在，連森林最深處都有冰霜覆蓋著枝葉。夏天常見的哺乳類動物已經不見蹤影——都躲進洞穴裡了。

黑暗中，雷利諾龍群仍然保持活躍，銳利的眼睛仍在森林中尋找食物。牠們沒有哺乳類動物的冬眠能力，但是隨著氣溫繼續下降，牠們會開始做出奇怪的舉動。牠們會擠在一起，把長腿和頸子互相交纏。然後，漸漸的，會全部停止動作。低溫迫使他們進入假死狀態。

和冬眠一樣，假死可以保存可貴的精力，但這只能是一種暫時的對策，在整個冬季期間，有可能發生好幾次。等氣溫再度上升，雷利諾龍就會很快的甦醒，並恢復活躍的生活。

循 環 復 始
大 地 回 春

日出，淡藍色的光線灑落寂靜的大地。春天又回到了極地森林。在廣闊的樹篷和蕨葉林底下，一個點綴著冰塊的暗褐色水池在料峭的清晨中微微冒著蒸氣。陽光映照出岸邊一個綠褐色恐龍凍結的小小屍體。這是母雷利諾龍領袖。保存完整的屍體顯示，牠是在一次寒流中凍死的。

水池中央，褐色的水裡露出一個扁平的大頭，上面有一雙空洞的黑眼珠。那大頭一動不動的等著，先注視岸上是否有任何動靜，然後才溜向死雷利諾龍的所在。牠平滑的動作，幾乎沒有興起一點水波。酷拉龍今年醒來得早，正需要食物。牠浮出水池，一口咬住癱軟的屍體，然後緩緩的把收獲拖進水裡。

不遠處，雷利諾龍群正在森林中挖掘著春苗滋長前的最後一批冬日殘餘。另一隻雷利諾龍已經取代了統領母獸的地位，公獸們開始在爭鬥了。一年復始，又是交配的季節了。

六千五百萬年前

王朝之死

6

六

千五百萬年前的地球。地球的中世代時期此

時正接近尾聲，大部份龐大的古老陸塊，現在都分裂成較小的大

陸。這一億八千萬年來，世界一直都很溫暖，沒有冰帽，季節之

間的變化也不大。但是這長期以來的穩定狀態，其實只是欺人的

表象。事實上，在同一段時期之內，所有的生物都經歷了大幅度

的改變，其中包括了大多數現代動物的演化。

地球景觀從一個由針葉林佔多數的乾燥世界，轉變成充滿開

花植物的潮濕綠野。這個轉變有利於小型哺乳類和鳥類，這兩種

荒蕪的景色：背景的火山仍在冒
煙，一群牛角龍穿過火山塵平原
尋找食物。唯一能在近期的爆發
中倖存的植物，是成熟的南洋
杉，但是其枝幹對牛角龍來說太
高了。

動物在數量和種類上，都在穩定的成長——連那些無所不在的昆

蟲也是如此。但這當中也有失敗者。海裡的魚龍和短頸類蛇頸龍

消失了，菊石也急遽減少。翼龍當中，只剩下一、兩個巨大的品

種，花朵的暴增更迫使許多蕨類和蘇鐵的品種走向滅亡。在這一

切當中，恐龍仍維持著十分繁榮的狀態，沒有顯露一點頹萎的跡象。大量新的草食動物演化出來，採食柔軟的開花植物。不同的掠食者也出現來捕食這些草食動物——其中最可怕的，就是恐龍之王的暴龍。

然而，重大的環境變動即將發生，地球上的生命將陷入二疊紀滅絕以來的最大考驗。全球大氣的微妙改變，和來自外太空的天災，將使巨型爬蟲類的最後興盛期乍然終結。

華麗的花朵：在中世代末期，開花植物變得非常成功。白堊紀大半時期，它們都只是矮灌木，但是現在卻開始有好幾種開花的樹木，形成了茂密的森林。

永遠的恐龍

即使在任何災難降臨之前，白堊紀末期也原已是一個變動的時期。全球的氣溫開始降低。這還不至於導致冰帽的形成，但是兩極地區的生命已經遭到嚴重的打擊，茂盛到足以在後來形成煤礦的蒼翠極地森林絕跡了，取而代之的，是比較開闊的聚居地。

同時，海平面也在下沈，導致陸緣海的消失。在接近這個時期的尾聲時，翼龍開始式微。唯一倖存的，是巨大無齒的品種，大半以捕魚為特長。

鳥類繼續興盛，而且多樣化——新品種當中，包括了不會飛的海洋型，有點像

蛇在恐龍時代末期出現，因此是屬於相當晚近的爬蟲類。一個解釋蛇沒有腳的理論認為，牠們最初是為了適應水棲生活，所以才失去腳。

今天的潛鳥。但是翼龍的滅亡，並不是和鳥類競爭的結果；而是由於全世界的氣溫都在降低，大陸周圍的洋流改變，天氣變得愈來愈不可預測，使得這些巨型動物的生存愈加困難。溫暖淺海的消失，也剝奪了牠們所喜好的狩獵場。從那時起，這個物種的命運就註定了。

在水中，其他爬蟲類也在步向衰微。魚龍已經絕種了，蛇頸龍和海蜥蜴、滄龍也在減少。其他海洋動物都處於困境——形成礁岩的蛤蜊、類似烏賊的箭石、甚至無所不在的菊石，都在逐漸消失。

在陸上，花成為最多數的植物，在所有植物種類當中，佔了50-80%。花的成功，多半是以犧牲蘇鐵和蕨類為代價。與昆蟲有特殊關係的花演化出來了，第一批有社會生活的蜂和螞蟻也出現了。然而，

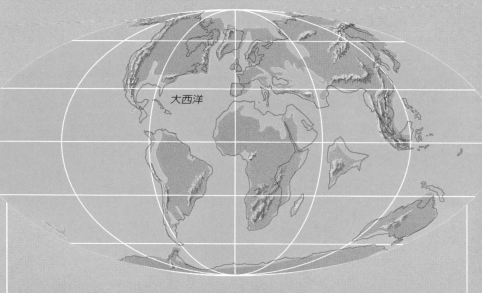

大西洋

六千五百萬年前，全世界各大陸開始具有現代的雛形。大西洋幾乎把新世界和舊世界完全分開，岡瓦納巨大的南部古陸終於分裂出澳洲且往北移，而南極洲則留在南極。印度繼續北移，和亞洲離得愈來愈近。數百萬年來曾經分隔北美大陸的內部海峽則消失不見。海平面上升又下降，陸橋偶爾連接亞洲與歐洲，非洲與歐洲，以及南北美洲之間。雖然各洲都有發展自己本地植物相與動物相的傾向，但相澳洲與南極洲至今依然保留十分獨特之處。

大多數花朵仍然依賴風或一般的昆蟲採食來授粉。有幾種開花植物發展為樹，在南方，南山毛櫸生長得很好，而赤道附近則有許多棕櫚。

大部份地方，針葉樹繼續盤據森林的上層——北邊是松和紅木杉，南邊則是羅漢松和南洋杉。在較冷的氣溫下，松樹和今天一樣，在高緯度和高海拔的地方長得特別旺盛。

動物的數量在各個大陸差異極大，但是恐龍都不在少數。在北美洲西部，草食動物包括了具有盔甲的甲龍、駝鳥似的似鳥龍（ornithomimids），和有圓頂形頭部的腫頭龍亞目（pachycephalosaurs），但

棕櫚是最早以樹的形式出現的開花植物之一。就開放的樹冠和堅韌的莖部來看，和蘇鐵很像，但兩者的相似性僅止於表面。

許多昆蟲的演化和成功，似乎和花朵的日益複雜齊頭並進。白堊紀末期的化石顯示，有覆合狀的花瓣和漏斗型的花朵，其形態需依賴昆蟲來幫忙授粉。

是有鴨形喙部的鴨嘴龍，則是此時最成功的草食物種。

在白堊紀晚期，有角恐龍的數量增加，成為第二大草食物種。牠們遭到小型肉食動物如盜龍，和較大型肉食動物如暴龍的捕獵。

另外還有一種奇特的掠食者傷齒龍（*Troodon*），具有會攫物的手和大眼睛，是潛在的夜獵專家，而且極可能是以哺乳類動物為其獵物。而哺乳類動物的數量，正在急遽增加。此時出現的哺乳類動物之一，是有袋的鼠齒龍，和現代的負鼠（opossum）有親屬關係。

這些美洲動物有很多也出現在亞洲，因為這兩塊大陸曾有一段時期可藉由位於白令海峽的一個陸橋聯繫。然而，乾燥的中亞似乎有一群特殊的小型兩足恐龍和鳥類。

這段時期的歐洲是一群大島嶼，在白堊紀中期也居住著許多和美洲一樣的恐龍。但是隨著大西洋擴張，歐洲變得孤立起來，便發展出自己的盜龍、鴨嘴龍、和盔甲龍。有些島嶼孤立的證據，即來自於對一些他處已絕種的動物提供保護，發展出較矮的品種。在西班牙和法國所發現的南岡瓦納肉食動物和草食動物的化石也顯示，和非洲接連的陸橋可能已經打通了。

南非、非洲、馬達加斯加、澳洲、印度，和南極這些南方大陸，全部都是分開的，但是卻有一個和北方不同的共同點。巨龍類，或稱南方蜥腳類，是這裡佔多數

在中世代的最後幾百萬年，鴨嘴類恐龍，或稱鴨嘴龍，是最旺盛的恐龍群。這類動物有許多完美的化石。

的草食動物，而稱霸的掠食者，則屬於一群叫做阿貝利巨龍（abelisaurs）的恐龍。

雖然南北美洲之間有陸橋存在的證據，但是暴龍似乎從來沒有到南方去冒險。或許這是因為有些阿貝利巨龍長得和暴龍一樣大，也一樣可怕。很不幸，在這些南方大陸，有關這段時期的化石紀錄仍然相當貧乏，因此，要建構一個完整的全球面貌十分困難。然而，沒有任何跡象顯示，恐龍即將要從地球的表面銷聲匿跡。

蛾屬於今天最常見的昆蟲種類之一——鱗翅目。隨著時間演變，大多數已經特化為以採食花朵維生。

褪 色 的 樂 園

距 離 撞 擊 七 個 月

拉羅密迪亞（Laramidia）東海岸的雨季，濃密的霧氣從皮耶海峽（Pierre Seaway）襲來。這是每年此時的典型現象，這些溫暖、潮濕的霧氣，有時會停滯在低地平原上好幾天，陷入山和淺海之間靜止的空氣中。這裡的森林很獨特，樹木被那些從空氣中吸收濕氣的植物所覆蓋。巨型南洋杉的樹幹被淺綠色的青苔所纏繞，這些青苔遮掩並軟化了杉樹嶙峋的樹皮。厚厚的苔蘚也從南方山毛櫸的枝幹垂懸下來，甚至像木蘭與月桂這類矮灌木也都掛著長長的一團團苔蘚。在沼澤區，一層層的綠色覆蓋植物還更加濃厚，使生長在其中的一大叢柏樹幾乎無法辨認。從比較高的地方看下來，整個地區彷彿被一條厚厚的綠毯子所覆蓋，這就是為什麼這裡被稱做「毯子森林」。

但是這個美麗的森林正面臨威脅。在向北僅僅幾百公里的平原開展處，毯子完全不見蹤影。海峽每年都在逐漸往南撤退，霧氣也隨之消失。「毯子森林」的面積縮小到只有幾千平方公里，只有往日的一小部份。這塊地方做為聚居地的可能性，更因為鄰近的山峰而更顯慘澹。佔據高原的，是一連串峰頂被雪覆蓋的火山，座落在森林的邊緣，每隔幾公里就有一座。這些火山年輕又活躍，有好幾個地方，舊熔岩長長的黑舌都舔進了森林。許多火山口不斷噴出煙柱和灰塵，其中的硫磺和霧混在一起，使霧的酸性更強。有些比較脆弱的植物已經絕跡了，暴露在這些氣體中的樹木也失去了綠色的覆罩。雖然本區有各式各樣適應綠毯生活的動物，但現在很多也都面臨絕種。

在森林邊緣稍稍隆起的地面上，一對母甲龍（Ankylosaurus）在撕扯苔蘚和青苔。雖然尚未瀕臨絕種，但是這些獨特的動物也為數甚少。這兩隻甲龍受到大量可採食的綠色植物所吸引，來到這個森林。牠們不挑食，會用長舌和尖喙嚙咬離地面數公尺的任何食物，無論是葉子、青苔、或樹枝都行。然而，甲龍只在森

最後衝刺

本章所有動物的證據,都是來自美國西部的「地獄溪岩層系統」(the Hell Creek Formation)或相關的化石床。這些動物似乎都曾十分興旺的存在,直到恐龍突然消失為止。有許多是其物種當中最大、或最具裝飾性的代表。在過去,這曾經被用來當做證據,認為恐龍就是因為變得太大,太笨重了,所以才會滅亡。但是這個說法忘了還有龐大的蜥腳類,而且事實上,在恐龍長久的歷史當中,曾經自我改造了好幾次。沒有明顯的理由可以告訴我們,為什麼這些會成為恐龍的最後一代。相反的,正由於如此之大,而且保存得如此完好,地獄溪的恐龍會成為最有名的恐龍之一,也就不足為奇了。

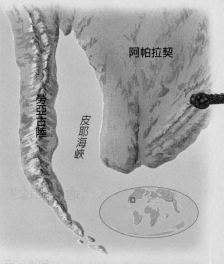

舊有的西部內陸海峽一度分隔了拉羅密迪亞和阿帕拉契,其僅存部份便是皮耶海峽,而且還在繼續向南撤退。沿著拉羅密迪亞中央地帶,是一系列的火山,「毯子森林」即在其東側。

暴龍

是其所居大陸的頂尖掠食者,比起其他任何陸棲肉食動物,暴龍的牙齒都更長,頭也更大,但有一個很短的身體,和一對短手臂。

證據:已經有超過20副骨骸,大部份都在近年發現。據目前所知,只有三個完整的頭骨,但是從加拿大亞伯他省到美國新墨西哥州都有殘骸出土。

大小:大約14公尺長,可能重達5噸。張口寬度超過1公尺,大概一口可以咬掉70公斤的肉。

食物:頂尖的掠食者,只吃肉。

時間:六千五百萬至六千七百萬年前。

甲龍

所有有盔甲恐龍中最大的,甲龍的身體等於是一個緊密融合的盒子。牠的頭骨如此堅實厚重,裡面幾乎沒有空間容納腦袋,但是寬廣的臀部裡有一個巨大的胃,可以消化任何植物。

證據:從亞伯他省、懷俄明州、和蒙大拿州的地獄溪岩層,發現了三副相當完整的標本。

大小:10公尺長,臀高大約3公尺。就此大小而言,牠非常重,大約7噸。

食物:草食,吃低矮的植物。

時間:六千五百萬至七千萬年前。

牛角龍

這種巨大、群居性的草食動物,是有角恐龍的典型,有一個採食用的強力喙部,臉上有三根角。特點是具有最大型的展示性頭冠。

證據:從亞伯他省到新墨西哥州,發現了七件頭骨殘片和幾個殘破骨骼。

大小:幾近8公尺長,頭骨(包括冠)超過2公尺。體重大約7噸。

食物:十分強壯的喙部,讓牠能夠採食最堅韌的植物,甚至包括小樹枝。

時間:六千五百萬至六千七百萬年前。

大鵝龍

大鵝龍是愛德蒙頓龍的近親,是有史以來最大的鴨嘴類恐龍之一。

證據:從地獄溪及其附近的岩層中,以大約16塊頭骨和相關的組成骨骼為基礎,已經指認出三種愛德蒙頓龍的品種。在地獄溪,還有三個頭骨和一些骨骸殘片,被指認為是大鵝龍,但最近有人認為,這可能只是一頭大愛德蒙頓龍,其實根本就沒有大鵝龍這種動物存在。

大小:愛德蒙頓龍大約12公尺長,站立時臀高3.5公尺,體重大約4噸。大鵝龍大約13公尺長,體重大約5噸。

食物:一般草食。

時間:六千五百萬至六千七百萬年前。

林邊緣探食——龐大的體型，使牠們無法進入比較茂密的區域。

看著濃霧中的甲龍，濕氣流過閃亮的黑色背部，這些恐龍無疑是有盔甲的。

自牠們的遠親釘背龍以降，這種動物便發展出愈來愈厚重的防禦覆罩。不同於許

多恐龍演化出輕而強壯的骨骼，甲龍的骨頭反而是愈來愈沈重。脊椎、肋骨，和

骨板，都演變成無法穿透的盔甲。10公尺的身長，和超過7噸的體重，甲龍是這

類動物裡最大的一種。背部厚厚的骨板包覆在低矮的脊椎底下，頭像個緊實、強

化的盒子。甚至連眼皮都硬化了。這樣似乎還不夠，牠們的尾巴硬挺挺的，末端還有一根大骨棒。這些母甲龍在咬青苔的時候，尾巴靜靜的向左右搖擺。總之，在必要的時候，這根尾棒甚至可以打斷最大的掠食者的腿。

這些強力的防禦武器，讓甲龍得以過著獨來獨往的生活方式，即使動作慢，也不需要群體的保護；牠們似乎也缺乏複雜社交行為的智慧。極度厚重的頭骨，只留下一點點小空間容納腦。除了鼻子靈敏以外，牠們大部份的知覺都很差。就像在「毯子森林」這裡，偶爾母獸們會因為草食的氣味而被吸引到同一處，但是公獸是好挑釁的獨行者，除非有交配的機會，否則牠們絕不能忍受與其他甲龍同處一地。

兩隻母獸把一棵大南洋杉底部的青苔都搜括盡淨以後，轉身往下坡走，去找另一片厚苔蘚。在離開的途中，走過一個小小的開闊區域，那裡有光禿的火山岩塊，暴露在稀疏的蕨類叢中。空地周圍有高聳的巨樹，樹頂消失在頂上的濃霧裡。空地中央堆著一大堆苔蘚和青苔，彷彿是從頭頂上的樹枝掉下來似的。經過這個苔蘚堆時，甲龍停下來嗅一嗅空氣，尾巴緊張的來回搖擺。其中一隻低吼一聲，急忙離開空地，同伴也迅即跟隨。

那堆植物是暴龍的蛋窩，而且散發著這種殘忍掠食者的氣味。在正常情況下，母暴龍都會在附近保護窩巢，但是這片空地卻反常的寂靜。窩巢裡還傳來另一股味道，那是腐敗的臭味。

甲龍的吵雜聲驚動了一隻小小的、滿身毛髮的鼠齒龍（Didelphodon），牠的洞穴正好在草堆的邊緣。鼠齒龍坐起來

求生存的造型：一隻7噸重的甲龍嗅尋到南邊山毛櫸的新鮮幼苗。重盔甲的背部、大尾棒，加上強化的頭骨，使牠幾乎無畏攻擊，即令是強大的暴龍，牠也不怕。

嗅嗅空氣，眼睛吃力的追隨在霧中漸行漸遠的甲龍背影，腮鬚抽動了一下。鼠齒龍是這個森林裡最大的哺乳類動物之一，重量有數公斤，黑灰交雜的毛髮被潮濕的空氣和牠正在挖掘的苔蘚給濡溼了。一旦確定恐龍已經離開，牠便清理一下自己，仔細的梳整腹毛，好確定沒有沾染到任何蝨子。逐退甲龍的那股味道，反倒吸引了這個投機者。暴龍蛋對鼠齒龍而言是一頓饗宴。當牠正要開始洗臉時，一個巨大的黑影籠罩下來。

> 母暴龍會以性命保護牠們的蛋窩，而且牠們比公獸大，也更強壯。

鼠齒龍的速度很快，但這次卻沒機會運用自己的快速反應。牠並沒有看到那隻距離不到數公尺的公暴龍悄然逼近。只消短短一躍，巨大的肉食者就逮到了哺乳動物，牠長牙一咬，頭往後一甩，就把對方整個吞進肚裡。暴龍是這塊大陸上最大的掠食者——事實上，牠們是有史以來最大的掠食者之一。這隻年輕的公獸身長12公尺，體重將近5噸。然而，牠並不是保護蛋窩的慈父，而是被和鼠齒龍相同的理由吸引來此——牠聞到了草堆的氣味，肚子便餓了起來。對公獸而言，一窩大蛋不只是食物，也是趁潛在競爭者還沒孵化以前就將之消滅的好機會。牠知道牠必須很小心。母暴龍會以性命保護牠們的蛋窩，而且牠們比公獸大，也更強壯。

公暴龍之所以如此小心的偵查蛋窩，連鼠齒龍都沒聽到牠迫近，原因正是為了要提防母獸。事實上，公暴龍大概已經監視這個地點好一陣子了。母暴龍通常是躲在附近，只有危急的時候才會現身。可是，既然甲龍都沒有受到挑戰，公暴龍便壯足了膽子靠近。牠站在窩巢上方，檢查一下味道。母暴龍通常會無時不刻的照顧自己的蛋，隨時翻動窩巢，確定蛋窩裡保持恆溫。但是這個窩太冷了。現在，公暴龍距離夠近，可以聞到腐敗的氣味。牠用後腳扒開植物，然後把小小的前臂伸進去，拖出蛋來。

很快的，那窩長形、奶油色的蛋便現身了，依舊隨時提防母獸回來的公暴龍，把它們一個個的撿起來，吞下去。由於牙齒長，牠在過程中咬破了幾顆蛋，幼小未成熟的暴龍胚胎滑出來。公暴龍把牠們也吃了。看看蛋殼的殘片就可以明白，為什麼母獸拋棄了蛋窩。許多蛋早在公暴龍降臨之前就破了，牠們腐爛的內容物，正是氣味的來源。像這樣大的蛋，有正確厚度的蛋殼非常重要。母親是在臨產之前才會製造蛋殼，顯然就這個案例而言，某種原因擾亂了造殼的過程。這些蛋殼長得不均衡，有些地方鈣質層太多，使胚胎窒息，另外有些地方則是太薄，以致破碎。

高風險的一餐：一隻鼠齒龍正在吃暴龍胚胎。母暴龍通常會保護窩巢，甚至連小哺乳動物也別想覬覦。但是如果蛋沒有孵化成功，巨大的掠食者會棄之而去，讓小型動物如鼠齒龍，得以大飽口福。

對於這點，最可能的解釋，必須回溯到本區高度活躍的火山活動。影響「毯

森林女王：一頭雌暴龍埋伏在南洋杉之間。牠是龐大的肉食者。粗大的頸項、有力的顎部、和碩長的牙齒，使牠的頭成為白堊紀最可怕的武器。

子森林」的酸雨，也同時銷融了環境中的養分，而這些營養，正是幫助暴龍在體內產生蛋殼所需要的。不僅如此，流向北方的熔岩，也干擾了暴龍最常捕捉的獵物——鴨嘴類恐龍愛德蒙頓龍（Edmontosaurus）——的年度遷徙。每年，這些草食動物跟隨雨水從北到南，然後再從南到北，做長達1000公里的來回遷移。熔岩流打破、延宕了這個遷徙，而且在這麼偏南的許多地方，愛德蒙頓龍根本就完全不出現了。暴龍仰賴這個食物來源，而愛德蒙頓龍獸群的缺席，可能給暴龍母親產卵前的緊要關頭造成壓力。然而，母暴龍仍然把蛋產下來，而且保護著窩巢，直到嗅覺告訴牠，這窩蛋的命運已經註定了。

就在公獸吃完最後一顆蛋時，一個長而宏亮的吼聲迴響過「毯子森林」。這是一隻母暴龍憂傷的求偶呼喚。在這個地區，每一隻母獸都建立了一個面積數百平方公里的居住領域，因此，這大概正是拋棄蛋窩的同一隻母獸。在沒有蛋或幼雛可以照養的情況下，母獸很快的就再度具備繁殖能力，但是要找到一隻公獸頗為費時。

暴龍的數量密度，是依靠食物的取得難易來決定的，但即使是在十分豐饒的食物區，例如有大群鴨嘴類恐龍和有角恐龍的北部平原，母獸依舊維持著數十平方公里面積的排外領土。而公暴龍的居住領域則超過數千平方公里，牠們是獨行俠，而且數目比母獸少。每一隻公獸的領域，通常包含了好幾隻母獸的領域，而且會和其他公獸有所重疊。公獸的所有成年生活，就是花在和其他公獸爭吵和尋找願意交配的母獸上面。就這個例子而言，男女雙方都很幸運——女方是因為不必呼喚等待好幾天，男方則是因為牠是第一個發出反應的公獸。

對如此巨大、兇狠的掠食者而言，事情絕對不可能那麼簡單。公獸歪著頭傾聽求偶的呼喚，那聲音雖然被茂密的植物和潮濕的空氣所扭曲，但是顯然母獸的位置很近。每一聲呼喚都牽動森林裡一連串較小的聲音，因為呼喚的回音驚動了

鳥類和較小的恐龍。公獸知道牠不能就這樣去接觸母獸，和牠交配——那只會引致更多傷害。反之，暴龍熱中一種叫做「求偶餵食」的儀式。公獸要先去狩獵，然後用獵物來吸引母獸。當母獸在吃獵物的時候，公獸便試圖交配。獵物愈大，母獸停留的時間就愈長，而由於公獸必須和牠的配偶交配好幾次，以確定授精成功，因此牠常常得尋找危險的大型獵物。許多公獸會因此喪命——被完全成年的三角龍的角刺死，或被大鵝龍（Anatotitan）撞死。但是因爲公暴龍唯一的目標就是交配，所以牠可以爲求偶餵食冒一切危險。這頭公獸吼著回應求偶的呼喚，

離群解渴：一隻大鵝龍在森林邊緣停下來喝水。大鵝龍是鴨嘴類恐龍中較大的品種。通常過著群居生活，是勞亞古陸一帶最興旺的恐龍。

並把廢棄的蛋窩清理乾淨。這雖然不能吸引母獸，但是可以告知母獸牠的存在，或許可以防止母獸離開牠的領域範圍。

晨霧尚未襲來的大清早，是觀賞拉羅密迪亞海岸這個區域的最佳時段。皮耶海峽的沼澤海岸之外，是一長條點綴著無數澄藍湖泊的氾濫平原。那裡的植物主要是灌木，其間並有零散的樹木，昏晦的光線刻劃出水邊覓食的鴨嘴類恐龍群。浮現在這片平原之外的，就是淡綠色的「毯子森林」，層層疊疊向遠方的火山山腳鋪過去。

公暴龍走進空曠地帶，放低了尾巴，盡可能把腿踮高，偵查周圍的情況。黑色帶灰斑的膚色適切的融入曙光之中，但是今天保護色並不是牠主要關心的問題。平時暴龍是一名突襲殺手，常利用出其不意來幫助自己狩獵。但是母獸的呼喚微妙的改變了牠的策略。現在牠讓自己暴露出來，直接逼近一群在附近探食的鴨嘴大鵝龍。完全成年的大鵝龍，體型比暴龍稍微大些，也笨重很多，加上緊密的群體組織，使之成為難以攻克的目標。這群草食動物警戒的呼叫起來，並開始準備離開。暴龍繼續逼近，迫使大鵝龍群採取更緊急的反應。有些用後腿站立，顛簸著移向附近的一處湖泊，幾隻大型的公大鵝龍轉身和掠食者對峙。公暴龍繞過牠們，但是仍然找機會進一步貼近。牠希望藉著壓迫獸群，可以逼出老病獸隻自暴其短。公大鵝龍監視著牠的進攻舉動。公暴龍轉過身，試圖尋找另外一條路線。晨霧漸濃，情況很明顯，如果不直接攻擊一隻健康的公大鵝龍，暴龍可能就要空手而回了，而牠很不願意冒這樣的險。

湖的遙遠那頭傳來的一連串吼聲，給暴龍帶來另一個選擇。一群牛角龍（Torosaurus）緩緩的自霧中出現。這些巨大的有角草食動物體重高達8噸，稱霸

> 平時暴龍是一名突襲殺手，常利用出其不意來幫助自己狩獵。

這一帶的海岸平原。在這類物種當中,牛角龍具有最華貴的冠——有三隻角的臉上,還長著一片2公尺長的裝飾骨板。這使得牠們成為所有恐龍當中——事實上,是所有陸上動物當中——頭骨最巨大的。這個裝飾雖然可以保護牛角龍,但是其最主要的功用,還是在於吸引配偶,和恫嚇敵手。雄雌兩性都有裝飾冠,但是在繁殖季節,公獸會以冠部充血來加強展示效果,並在冠上產生兩個鮮明的眼睛圖案。

暴龍接近牛角龍獸群時,首先引起牠注意的,就是這些多彩多姿的裝飾冠。

這群牛角龍正值交配期；那表示公獸會爭吵，而任何爭執都會有敗方，敗方會筋疲力盡，並且可能受傷——這就是掠食者的主要目標。當牛角龍進行交配儀式時，暴龍在一旁觀察。牛角龍群沒有永久性的階級體制；反之，公獸的挑戰是為了暫時控制那些等待交配的母獸。公獸要站在母獸旁邊「陪侍」這頭母獸。如果有敵手迫近，牠立刻垂下頭來，展示頭冠的整體色彩。有時這樣子就足夠了，不會再有進一步的挑戰舉動，但是挑釁者往往會模仿另一方的展示行為。然後兩隻公獸就會進行一系列複雜的舉動，包括垂頭擺動冠部，一切的目的都是在表達各自的力量。這種頭冠展示非常重要，而且通常就足以解決大部分的紛爭。勝方繼續留下來陪侍母獸，如果母獸試圖離開，公獸就會擋住去路，而終至交配。如果母獸不喜歡牠的伴侶，就會試圖脫逃，跑過獸群，甩脫男伴。

在湖旁邊，兩隻勢力相當的公牛角龍從日出開始就對峙到現在。其中一隻經驗豐富，大概已經遠遠超過50歲，牠的裝飾冠中央有一道舊日打鬥的長長撕傷，背上也有很多掠食者攻擊留下的傷痕。牠的敵手年輕很多，但是體型幾乎一樣大，冠上面有兩個漂亮的暗色眼睛圖形，皮膚光滑很多，也較少傷痕。兩隻牛角龍垂首搖頭的動作漸漸停止；這是一個不祥的徵兆。比較老的公獸大聲吼起來；然後，突然間，年輕的挑戰者向前衝，雙方開始角力。老公獸被對方的力道衝得倒退了幾步，雙方長長的前額角和短鼻角都緊緊的扣在一起。兩隻動物再度靜止，四目相對，低著頭戰鬥。

牛角龍是又大又重的恐龍，前肢的立姿有點下蹲，這使牠們的動作緩慢，但

（左圖）危險的信號：一隻母牛角龍漲紅了冠，跺著腳，企圖嚇跑旁邊覓食的幼獸。光是那些驚人的角，就足以讓最頑固的掠食者也斷了念頭。

259

極盡招展之能事

第一隻出土的有角恐龍，是在1889年發現的三角龍。牠有三根顏面角，和一個由堅硬的骨頭形成、往頭後部延伸的冠。有人提出，這是對抗掠食者的有力武器，起初這個看法為大家所接受。

然而，之後又有其他的有角恐龍被發現，三角龍卻仍然是唯一有一堅實的冠的恐龍。其他品種的冠當中都有很大的洞，這表示活著的時候，上面都覆蓋著充滿血管的皮膚。這並不是理想的防禦結構。

因而，就有人認為，冠是要為巨大的顎部肌肉提供著力點，好讓動物有辦法用喙切割最堅韌的植物。但是像牛角龍這種動物，有長達2公尺的冠，如果要當著力點，根本沒有必要把肌肉伸展得那麼遠──這樣並不能提供更多有用的力氣。

近年來，和恐龍許多其他的裝飾和骨板一樣，冠部也逐漸被視為主要是做為性的展示之用。在有角恐龍的集體墳場裡面，發現未成熟的獸隻，其冠部的發展尚未完整，因此冠的成長就是成獸的特色。

由於我們沒有可靠的方法來指證出土物的性別，因此比較困難的，是如何指出兩性之間的冠是否有所不同。但是因為頭部的裝飾，有可能也是區別物種的指標，所以很可能雌雄兩者都具有這些結構。

而對這些不同形狀和大小的角的研究顯示，有些就和今天的鹿角一樣，很適合在打鬥的時候相扣在一起。特別是對大型單角的品種而言，雖然防禦一定是動物發展的一項重要項目，但是性和物種辨別，可能才是形塑這些詭異造型的更重要原因。

同樣的討論也用於肉食恐龍的眉毛和鼻冠、鴨嘴類恐龍的鼻形，甚至還包括某些盔甲恐龍的脊椎，但是這一切說法不無道理。性是演化的一個重要動力，也是許多現代哺乳類動物和鳥類極端成長的主要肇因。而且，和恐龍最接近的現存親戚──鳥類和鱷魚──兩者都有色彩視覺，而大多數哺乳類動物只能看到黑與白兩種顏色。因此，假設恐龍有很好的色彩視覺，並非不合理。所以，視覺展示有可能是牠們生活中一個重要的部份。很可能我們現在在許多化石骨骸中所看見的奇怪隆起和腫塊，是充滿中世代世界各種狂野鮮明展示色彩的僅存殘餘。

視覺對恐龍可能非常重要。鴨嘴類恐龍怪異的冠，以這隻似棘龍（*Parasaurolophus*）為例，可能除了用來做視覺展示以外，還可以發出特別的聲音。

在有角恐龍當中，三角龍的冠顯得格外不尋常，因為它是實心的。通常恐龍冠的中央會有兩個洞，這表示其主要功能並非防衛。

同時也非常的沈穩。對雙方來說，這都像是在嘗試推移一塊跟自己一樣大的大石塊。兩邊的頭緊緊相扣的同時，牠們調整一下重心，希望取得一個比較有利的位置，在此同時，雙方頸部所承受的壓力卻極爲巨大。

霧愈來愈濃，兩頭公獸繼續戰鬥，都試圖要制服對方。隨著頭部的鬆弛和緊扣，牠們的角也發出碰撞和磨擦的聲音。即使只是把對手推開一點點，也都會因爲使力而發出呻吟和喘息。一小時之後，看起來沒有任何一方像佔了上風，但是雙方都接近筋疲力竭。突然，老公獸脫身撤退。年輕的公獸追牠追了幾百公尺，甩著頭，發出勝利的呼號。最後，牠罷手讓老公獸離去。在離開獸群有些距離的地方，老牛角獸停下來，此時牠撤退的原因才比較明顯，原來牠有一根前額角斷落，垂了下來，流血遮住了一邊眼睛。

斷角的痛苦使這隻老邁的公牛角龍分神，等牠發覺暴龍迫近時，已經太遲了。掠食者從霧中跑出來，把長而尖銳的牙齒刺進老公獸的側腹。然後利用右腳穩住自己，把短而有力的頸項一使力，便扯下一塊30公斤的鮮肉。暴龍雖然是巨大的掠食者，但是比起牛角龍仍然輸了一籌。此時暴龍最不樂見的，就是和這隻大塊頭的獵物掙扎格鬥。在咬下一個大傷口以後，暴龍利用情勢退開來，等待下一個機會。

雖然受了傷，牛角龍仍迅速轉身，面對牠的攻擊者。這種草食動物讓獨行掠食者難以攻克的原因就在這裡：雖然體型龐大，牛角龍卻能極快的轉身，以三隻長角和寬大的冠來對付掠食者。這種對峙往往勢均力敵，牛角龍甚至還可以一邊採食，一邊防備饑餓的暴龍攻擊。然而，對老公獸而言，眼前的情況卻跟平常不同。除了困惑和疲乏，牠身側還有一個大傷口，而且有一隻角也失去了作用。牠憤怒痛苦的呼號，並尋找獸群的蹤影。很不幸，牠們距離相當遙遠，無法提供保護。牛角龍試圖衝撞敵人，但終於也只能無奈的蹣跚卻步。暴龍擋住了牠所有的

（下頁圖）前進攫取獵物：一隻公暴龍環繞著受傷的牛角龍。雖然巨大的草食恐龍採取防禦的姿勢，但也已經是強弩之末了。掠食者早先突襲時，在牛角龍身上造成了很深的傷口，牠已經性命垂危。

去路。

最後，老公獸犯了一個致命的錯誤。牠驚慌的轉身，想要跑回獸群那邊。掠食者隨即趕上，再度嚙咬牠的腹窩。這次，暴龍咬破了一部份臀骨。牛角龍腳步一顛簸，暴龍又咬了一次。牛角龍站起來，面對著攻擊者，已經沒有力氣轉身逃跑了，所以只能搖搖晃晃的站著，震驚和失血漸漸擊敗了牠。暴龍後退一步，嘴裡數公斤的牛角龍肉不斷淌著血。既然已經知道獵物跑不了，暴龍便以一連串短促、深沈的吠聲，呼叫「毯子森林」裡的母暴龍。

半小時之後，老公獸依然站著，而且就在失去神智之前，牠終於看到了自己死亡的背後原因。一隻巨大的母暴龍從霧中現身，傷疤使牠的一邊臉變了形，而且走路也有點跛。牠盯著牛角龍的眼睛是深紅色的──那是上了年紀的徵兆。公暴龍呼叫的聲調提高了起來，而且很小心的不擋在潛在的配偶和那頭獵物的中間。母暴龍緩緩前進，偶爾瞥一眼公暴龍，但卻直直的往已然敗北的牛角龍走去。牠嗅嗅垂死的動物，長條的口水從嘴裡流出來。母暴龍吃了起來，長齒刺入鮮肉，扯下大塊的皮膚、肉，甚至骨頭。這樣的用食習慣表示牠常常弄斷牙齒。反正牠也不需要牙齒咀嚼──牠把撕下來的整塊肉，一口就囫圇吞下。就在母暴龍進食的時候，公暴龍向牠貼近過來，低下頭，並發出安撫的短鳴。然後牠坐直身，鼓起下巴底下的紅色肉垂，試圖吸引母暴龍。一看到對方靠近來，母暴龍便轉過身，張開大嘴，露出巨大垂涎的顎。公暴龍認得出，這是一個警告：女方還沒有準備好要接受牠。

等填飽了肚子，母暴龍蹲伏下來，頭靠在地上休息。公暴龍在一旁徘徊，但是女方沒有顯露出有興趣的樣子，於是這一天就這樣過去，母暴龍大部分時間都在睡覺。黃昏掀開了霧靄，給血淋淋的景

大嘴巴

比起草食恐龍豐富的各式採食方法，肉食恐龍就顯得保守很多。獸腳類恐龍是中世代的肉食王朝，而且一億六千萬年以來的所有掠食者，都是源自這個族群。牠們的別名叫做陸地鯊（land sharks），因為其捕食的方法大概和鯊魚一樣——衝上獵物，咬牠個一大口，然後退到一旁，看這個傷害會造成什麼結果。從腔骨龍到暴龍，全都是依賴後彎的牙齒，以保證牠們咬獵物時，能確實的把肉撕下來。

這些肉食恐龍從來沒有發展出任何咀嚼的構造，總是把食物成塊吞下。有一件化石顯示出這種方法的危險性：一隻大肉食恐龍顯然在吞食的過程中喪了命，兩根長長的骨頭鯁在食道裡面。隨著時間，獸腳類恐龍也產生了一些改進。盜龍在咬之前，會先用能攫物的手和長趾爪，使獵物受傷。但是暴龍只是一台大型的噬咬機器。超長的牙齒，就

是牠的殺戮武器，手臂完全派不上用場。

鑑於暴龍如此巨大，而且可能是溫血動物，應該需要很多肉才能維持生存。古生物學家詹姆士·法羅（James Farlow）曾經根據電影《侏儸紀公園》

暴龍的頭是所有肉食恐龍中最大的，這也解釋了為什麼牠的手臂會那麼小。為了讓兩條腿保持平衡，同時又發展出如此粗大的顎部，手臂的重量便必須減少。

一段情節所引發的靈感，做了一個關於暴龍的食物需求量的計算，在那段電影情節中，這隻掠食性恐龍吃掉了一位律師。假設那是一頭4.5噸的暴龍，而律師的體重是一般的平均數68公斤，法羅估計，要餵飽這個掠食者，一年需要292位律師。

幸好，這只相當於三或四頭三角龍，而且在白堊紀時期，三角龍比律師好找太多了。

象罩上了一層紅暈。牛角龍群已經移往別處，兩隻暴龍的出現，使這群鴨嘴類恐龍放棄了湖邊區域。就在夕陽的最後一絲微光中，母暴龍醒過來，這時牠對公暴龍似乎比較有興趣了。牠揚起尾巴，公暴龍很快的從背後過來。就在試圖騎上母暴龍時，公暴龍用小小的前肢鉤住女方背部的厚皮，以穩定自己。交配的時間很短，但這只是許多次當中的第一回合。在每次交配之間，女方又睡又吃，但是男方絕不鬆懈警戒。牠留在女方身邊，不但可以藉著重複交媾來增加女方受孕的機會，而且也可以防止其他公暴龍接近。

第三天曙光初現時，下起一場熱帶大雨來。雨水浸濕了急速腐爛的牛角龍屍

體，小小的甲蟲幼蟲形成一條臭溪流，隨著雨水沖走。母暴龍對交媾失去了興趣，公暴龍頗為焦躁。就在正午之前，雨停了，黏稠潮濕的空氣中，傳來牛角龍群復返的聲音。獸群碰到這對公母暴龍，便開始騷擾牠們。於是掠食者不得不放棄屍體。就在逃離的時候，牠們之間脆弱的配偶關係也隨之斷裂。在毫無預警的情況下，母暴龍突然轉而對付公暴龍。公暴龍反應很快，但是頭後方仍被母暴龍咬了一口。牠掙扎脫身，然後轉身逃跑。母暴龍緊追不捨，一邊吼一邊追咬公暴龍的尾巴，但是這種追逐不會持續太久。雖然受了傷，公暴龍損失並不大。母暴龍很可能會懷上牠的子嗣，而且這隻公暴龍並沒有為了為交配而和其他公暴龍惡鬥，因而也逃過了致命傷害的可能性。

當天晚上，向北500公里的活火山變得更加活躍起來。一開始是一連串小型的爆發，連「毯子森林」那麼遠的距離，都感覺得到震動。到了早上，一條細細的煙柱出現在北邊的地平線上。以地質學的用語來講，就是這個山脈還很年輕，還在成形當中。這個山脈是因為大西洋的擴張，把拉羅密迪亞往西推擠而造成的。隨著山脈成長，整個區域的生態和氣候也跟著改變。低地變成高地，下雨的模式改變，河流也更改路線。這一切改變的速度，緩慢到讓動植物都有足夠的時間來適應，只是有的適應得較佳，有的適應不良。

北邊的火山終於爆發了。巨大的爆炸把成百萬噸的熱塵和石塊灑向東方，受災區大約有200公里長，100公里寬。森

預嘗狂暴的滋味

林、平原，和湖泊，全被掩埋在火山灰底下，有的地方深達20公尺。成百成千的動物遇難，但是損失最慘重的，則要數愛德蒙頓龍群。全世界百分之七十的愛德蒙頓龍都遭到火山爆發的活埋，倖存下來的，則分裂成幾個孤立的群體。這些鴨嘴類恐龍曾經以數千計，沿著皮耶海峽的海岸平原移動；現在從火山爆發倖存下來的最大團體，竟然不超過40隻。

對於像愛德蒙頓龍這種過群體生活的動物而言，這潛藏著極大的危機。牠們必須維持很大的數量，才能成功繁殖，現在這個物種十分可能連復原的機會都沒有，就要走上滅絕的道路。同時，這也對仰賴牠們的其他物種造成壓力——更不要提像暴龍這樣的大掠食者，在某些地區，暴龍一半以上的食物來源，就是愛德蒙頓龍。

向南五百公里的地方，火山爆發所造成的災情比較不那麼慘重，但是也相當糟糕。接下來那天晚上，一道北風把雲般的細灰帶進本區。塵埃落定之後，所有的東西都罩上一層灰。月光下，整個景觀像褪了色，彷彿結了一層厚厚的霜。植物亟需雨水來洗刷灰塵，否則就會窒息。對鴨嘴類大鵝龍的築巢地而言，這場火山灰更是個致命的夜訪客。

大鵝龍是愛德蒙頓龍的近親，但是體型比較大，大約13公尺長，5噸重，遷移的群體數量也沒有那麼大。這群大鵝龍正好在湖邊築了一連串的窩巢，幼雛才剛剛全部同時孵化出來。即使是晚上，成獸也在窩巢區之間不斷巡邏，照顧幼小——帶新生的植物給牠們吃，保護牠們不要挨寒受凍。不幸的是，當火山灰從北邊襲來，大鵝龍成獸卻束手無策。每一群幼雛都坐在一個大蛋坑的底部。灰塵落

（左頁圖）聚居地殺手：北邊的火山爆發，射出一條巨大的煙柱。一旦爆發的威力開始減弱，大量的塵土就會往下落，像一面致命的扇子揮灑開來，所到之處，一切都被埋葬。

267

下來時，往往都集中在蛋坑的底部，而幼雛們又太小了，沒有能力爬出來。夜空中充滿了成獸憂慮的呼號，和即將窒息的幼雛們恐懼的叫聲。由於不了解到底是怎麼一回事，有些成獸回應幼雛的方法，是把更多積了灰塵的食物丟進窩巢裡。巨大的大鵝龍父母不停的活動，揚起更多窩巢間的灰塵，結果又是落進了蛋穴的底部。

到了早晨，幼雛的呼聲已經變得很寥落。全身是灰的成獸困惑的呆立著。有一兩個窩巢裡的幼雛雖然全身灰塵，卻能設法藉成獸丟下來的植物，七手八腳的

中毒的地球：在這種火山地區，許多溫泉會散發出各種有毒氣體，往往使得草食恐龍不幸窒息，而暴龍則趁機撿食屍體。

一層層爬出窒息的蛋穴。但是這些是極少數；大部分幼雛都死在蛋穴底部。只要還有幼雛活著，成獸就不會拋棄窩巢，但正午時又發生了更多問題。大雨開始傾盆而下，雖然足以將植物洗刷乾淨，但是也把巢穴裡的灰塵變成了黏膩的漿糊。最後一批倖存的幼雛死在蛋穴底部的流沙裡。成獸繼續照顧窩巢，偶爾拉出幾隻滿身泥漿的幼雛。但這是沒有指望的工作。今年的子嗣命運已定了，幾天之內，大鵝龍群就會遷往他處。

但對某些動物而言，火山灰卻帶來了好處。包括鼠齒龍在內的小型肉食哺乳類動物，幾乎不受落塵的影響，因為這些動物是住在洞穴裡的。等大鵝龍開始對自己的窩巢失去興趣，哺乳類動物就逮住機會進來，挖掘漸乾的泥漿，尋找恐龍雛獸。等大鵝龍群離開以後，窩巢區就有一大堆滿身毛髮的哺乳類動物，在那裡為爭奪小恐龍的屍體大打出手。

雨後，除了許多河流和湖泊受到淤泥阻塞，「毯子森林」區看起來似乎和原先沒有兩樣。在一片小小的隆起地面上，老母暴龍正在建築新巢。開始築巢之前，母暴龍已經大開殺戒三個月，捕殺並吞食了大量動物。然而，一旦產下卵，母暴龍就會持續禁食，直到幼獸孵化出來為止，前後通常為時兩個月。有這麼多小掠食者威脅著蛋窩，更別提其他的暴龍，所以母暴龍一刻也不能離開自己的寶貝蛋，讓它們毫無保護。

這些天以來，母暴龍啣著挑選過的苔蘚和落葉，築起了一個大腐植土堆，現在已經準備好要產卵了。暴龍蛋大而長形，要成功的孵化，必須小心的以直立式擺置在窩巢裡。要達成這個工作，母親會用小而有力的前臂，把每一顆蛋輕輕的擺好，鈍的一端朝下，呈漩渦狀排列。暴龍幼獸孵化的時候，每一隻都會推開蛋的頂端爬出來，幾乎不擾動其他的蛋。但母暴龍想看見自己的蛋達到孵化的階段，還要很長的一段時間。當牠停下來嗅一嗅潮濕的空氣時，那預感似乎不妙。

衰 亡 的 時 刻

距 離 撞 擊 兩 個 月

一隻巨大的貴叟寇翼龍（Quetzalcoatlus）在溫暖的中午熱流中上升，滑翔過一個火山荒原地帶。展翼幅寬達11公尺的牠，是主宰氣流的大師，幾乎從來不用撲動翅膀。牠的純白身影和底下黑色的火山沙岩，形成奇異的對比。

事實上，貴叟寇翼龍非常少見。各種形狀和大小的翼龍，一度是大多數生態系統中常見的一份子。現在除了少數孤獨的巨型品種，這整個動物群都已經銷聲匿跡了。很難歸咎是什麼因素造成牠們的滅亡。無庸置疑的是，鳥的數量和種類在白堊紀時期大爲增加，而且鳥類已經證明自己比飛行恐龍更適宜居住在茂密的植物當中。較小的翼龍首先消失，但是晚近海平面的急遽降低，也對巨型滑翔翼龍造成極大的衝擊。這些品種大多擅長於在溫暖的淺海捕魚，貴叟寇翼龍就是一個很好的例子。要捕食時，翼龍會低飛過水面，彎下又長又硬的頸部，用沒有牙齒的喙把魚撈出水。被稱爲陸緣海的廣大氾濫地區，是這種捕食方法的理想地點。陸緣海的物產豐盛，平靜無波，廣大淺海中的魚群可以任由翼龍捕獵。但是自從海平面降低以後，第一個消失的，就是這些陸緣海。海水退入更深的海峽以後，河流變得愈來愈長。本區的皮耶海峽也在消退，很快的，數百萬年來第一次，拉羅密迪亞和阿帕拉契將成爲一個綿延的陸地。隨著這樣緩慢卻穩定的喪失聚居地，貴叟寇翼龍的未來，看起來很慘澹。

恐鱷可以生長到超過12公尺長，而且以牠超過2噸的體重，如果有暴龍敢靠近水邊，恐鱷很樂意挺身挑戰。

這隻特別的公翼龍，一定是因火山爆發被錯置了地方。然而能夠倖存，算是走運——巨型翼龍是纖弱的滑翔者，只要稍微沾到沙塵，就不可能飛得起來。這隻翼龍在火山山腳愈旋愈高，朝南飛去，遠離沙塵滿佈的景觀。牠看見地平線那

方的綠地，且在空中聞到水氣。對牠而言，距
離不代表什麼，牠可以毫不費力的飛越大陸。
北風加速牠的飛行，不到三、四小時，牠已經
越過了不止100公里的路程。下午大部份時
間，牠都是沿著海峽而飛行，終於，牠開始以
旋渦狀朝一個內陸的大淡水湖下降。湖西邊的
長形沙灘，提供了一個理想的降落和起飛的跑
道。貴叟寇翼龍滑翔的速度愈來愈慢，直到距
離沙灘上方約一公尺之處，才停下來，用後腿
落地降落，並一邊收起纖細的翼膜，把翼指摺
到背後。然後，牠沈重的以雙手著力，蹣跚的
走到湖邊喝水。在地面上，牠容易受到傷害，因此十分緊張，花在四處張望的時
間比喝水的時間還長。

恐龍殺手：自中世代早期開始，鱷魚就一直是很成功的淡水掠食者。有些就像這頭恐鱷，演化出龐大的體型，常常趁恐龍在河邊飲水時將之吞噬。

　　牠的憂慮是有道理的。這個區域大部份是氾濫沼澤，雖然沒有看見大型的恐
龍掠食者，但那是因爲早已被巨型鱷魚趕出這個聚居地了。一種叫做恐鱷
（Deinosuchus）的鱷魚，可以生長到超過12公尺長，而且以牠超過2噸的體重，
如果有暴龍敢靠近水邊，恐鱷很樂意挺身挑戰。恐鱷可以在淡水，也可以在海水
捕獵，牠們在水邊突襲陸上動物的技術，已經達到登峰造極的境界。貴叟寇翼龍
喝水的那個湖，正好有好幾隻大恐鱷住在裡面，但是翼龍看不見牠們，因爲一種
細小的水棲蕨類覆蓋了大部份的水面，把殺手藏在底下深處。當翼龍的喙部浸入
水中時，鱷魚感覺到振波。大約20公尺之外，一個巨大魁梧的頭靜悄悄的破水而
出。恐鱷注視著獵物時，半透明的眼皮把蕨葉掃離橘紅色的眼睛。然後，牠又溜
回水底，尾巴一扭，就滑向獵物。貴叟寇翼龍並沒有看見鱷魚，但是牠似乎感到

不安，便轉身準備起飛。

就在那一剎那，牠面前的湖水爆開。恐鱷往前撲，翼龍蹣跚後退，但右翼爪仍被鱷魚攫住。翼龍掀開另一面翅膀來恫嚇攻擊者，並用嘴喙刺對方的頭。但是這些防禦毫無用處，鱷魚的盔甲骨板對翼龍的攻擊幾乎毫無感覺，而且翼龍的體型雖然不小，體重卻不到100公斤。恐鱷的顎把牠的右翼像一根小樹枝似的一咬即斷；牠纖細的骨頭根本不堪掠食者大軍壓境的噬咬。鱷魚接著便把還撲著翅膀的受害者拖入水中。此時，另一頭鱷魚浮出水面，逮到了翼龍的頸子，身子一扭，就把翼龍的頸子給扯斷了。貴叟寇翼龍的掙扎，在數秒之內即告結束。翼龍

骨 頭 裡 留 下 的 訊 息

除了記錄一隻動物的形狀，化石骨骸還隱藏了關於其主人的健康線索。只有大約百分之一的疾病會在骨頭上留下痕跡，但是這些疾病包括了關節炎和嚴重的感染，前者出現在兩頭禽龍的腳踝上，後者則可以在一頭鴨嘴類恐龍的顎部發現膿腫為例。在人類身上，痛風和吃太多紅色肉類有關，因此，在一隻暴龍的手臂和腳趾上發現痛風，或許就不算太意外了。

過去一般都認為，恐龍有很嚴重的關節炎，因為牠們的背脊骨看起來往往都是融合在一起的。近來專家發現，這是一種稱為「擴散性特發之骨骼肥大」（diffuse idiopathic skeletal hyperostosis），或稱DISH的症狀。這種情況的發生，是脊椎旁邊的韌帶石灰化，逐漸把骨幹鎖成僵硬的形狀，但是這和任何疾病都沒有關聯。事實上，這看起來

一隻蜥腳類的融合的脊椎骨。有可能是疾病引起的，但也有可能是自然的發展，以便在交配時，幫助動物支撐另一隻動物龐大的重量。

好像是幫助恐龍的後腿支撐體重的適應手段。鴨嘴類恐龍、有角恐龍、蜥腳類，和禽龍的背脊骨，都顯現出這種狀況，這可能有助於牠們維持懸高尾部。劍龍需要一個具高度活動力的尾巴做為防禦，因此並沒有DISH的症狀。有角恐龍如三角龍，則在頸脊椎上出現了融合的狀況，但這有可能是要幫助牠們支撐

龐大的頭部。

除了疾病所留下的線索之外，嚴重受傷也會在骨頭上遺留痙癒的疤痕——一隻暴龍的遺骸顯示牠被傷害得非常嚴重，頸子竟然不但往後，而且還往上扭。某些傷害似乎在特定的物種中更為常見，這提供我們有關骨頭的主人生活方式的線索。蜥腳類的遺骸中，常發現斷裂的肋骨，這可能是因為其他物體壓在上頭所造成。

肉食恐龍的四肢經常有痙癒的挫傷，顯示出牠們和較大、較重的獵物格鬥的危險。鴨嘴類恐龍常常有碎裂的脊椎骨，可能是打鬥踐踏的結果，但也有人認為，這些骨骸屬於雌獸所有，牠們背部的傷害，是因為交配時公獸壓在牠們身上的重量所造成。

被拉下水以後，細小的蕨類漂回原來的位置，彷彿給水面下正在進行的解肢活動，蓋上了一層帷幕。

夜色沁涼，第二天，「毯子森林」起了數星期以來的第一道晨霧。晨露散佈林間，也沾上了一頭睡眠中的暴龍。露水緩緩在牠背上凝結，滴下腹腰。成串水滴聚集在鼻孔附近，一隻大蝴蝶在那兒停下來喝水。蝴蝶是大為成功的昆蟲所產生的一個傑出物種。在整個恐龍時代，有愈來愈多的昆蟲品種出現，充分的利用每一種居住環境。有著長長舌頭和精緻翅膀的蝴蝶，是最新的昆蟲品種，專門依靠花朵維生。這隻蝴蝶搔著了暴龍的癢處，暴龍醒來，打了一個噴嚏，把蝴蝶衝進灌木叢裡。掠食者動了動頸子，抬起帶著傷疤的頭，看起來又病又累。牠的紅眼凹陷混濁，已經有七個星期沒有進食了。在牠面前大約25公尺的地方，一堆苔蘚和落葉仍然沐浴在晨光薄霧中——那是牠的蛋窩。牠站起來，走過去，腳有點跛——牠有一邊腿痛風，隨著健康每況愈下，那條腿也愈來愈痛。曾經有兩頭鼠齒龍在晚上跑來刺探蛋窩，但都被牠嚇走了。牠沒有追上去，而是到蛋窩那裡繞了一圈，檢查一下，聞聞看有沒有損害的跡象。一定是一切無恙，因為牠又回到了原來的藏身地點。

牠沒有注意到，有一隻外觀獨特又長又瘦的爬蟲類動物，蜷縮在那堆腐植土裡面。那是一條蛇，是一種高度特化的蜥蜴，在白堊紀演化出來，不用腳也可以移動。蛇能夠在矮木叢中間高速穿梭，利用肌肉收縮傳達到全身的波動，將自己往前推進，而且專門獵捕溫血動物。隨著哺乳類動物日漸普遍，蛇也發展出一種特出的能力，能在黑暗中查知哺乳類動物的「熱信號」。在蛇頭的兩邊，介於雙眼和鼻孔之間，有著所謂的「核感應器官」，能夠感覺低於0.03℃的細微溫度變化。當牠夜間在矮木叢中游移時，哺乳類動物的體熱即向牠暴露了自己。

末 日 開 始

距 離 撞 擊 一 天

太陽在一片荒蕪的地景中升起。沿著皮耶海峽西南岸的一大片地區，所有的森林和沼澤都枯死了。曾經翠綠茂盛的平原，瀰漫著腐爛植物的臭味，潮濕的空氣中充滿著各式昆蟲。所有的樹蔭都不見了──如今樹木全都失去了樹葉，赤裸光禿的站在那兒。這是數月前另一次火山爆發的慘重副作用。

落在本區的數千噸灰塵，逐漸被溪流和河水沖刷出森林。但是當塵土抵達流速緩慢的河口時，便全部都沈澱下來，扼殺了脆弱的淡水生態系統，淹沒了較乾

的聚居地，並使樹木的根部窒息。要讓這個地區復原，需要好幾年的時間。此外，位於「毯子森林」後方的大火山，正在蠢蠢欲動。看來，這座火山是否會追隨北方表親的榜樣而爆發，只是時間的問題而已。

　　一叢樹葉已黃褐凋萎的棕櫚底下，一群鴨嘴的大鵝龍在落葉中嗅聞著，希望能找到一些新生植物。牠們的胃都萎縮了，而且不時互相低聲的呼喚。這些鴨嘴類恐龍的採食方法非常有效率，寬大的「喙」可以採掘最低的新芽，成排的牙齒連最堅韌的植物都咀嚼得動，但是牠們不能依靠腐爛的食物維生。周圍幾乎沒有任何可吃的東西，如果要生存，一定要遷往他處。不幸的是，大鵝龍非常具有領

徒勞的爭吵：兩頭大鵝龍在一片荒蕪中爭執。曾經富饒的湖泊被熔岩流所窒息，現在只變成一灘死水，恐鱷躲在裡面等著突襲口渴的恐龍。

土觀念，牠們不會遷移。獸群穿過棕櫚叢，走到湖水停滯的湖岸邊，採收掙扎出泥漿的一小撮木賊。

鱷魚在充滿泥漿的沼澤裡適應得很好，可以從一個泥塘移到另一個泥塘，獵捕衰弱的草食動物。這支獸群裡曾有幾隻大鵝龍，甚至包括一頭完全成年的成獸，已經被這些巨鱷拖進死亡的深淵了。這些鴨嘴類恐龍在吃木賊時，仍一邊憂慮的注視著泥水。平時牠們會和鱷魚為患的水域保持距離，但現在根本不可能。停滯的湖面突然揚起一個大水波，把獸群嚇得涉泥而逃。渾沌的水面又恢復平靜，大鵝龍受飢餓驅使，慢慢的又回到木賊那裡。一心只掛慮著來自水中的威脅，卻全然不知有另一頭掠食者，正穿過死樹林向牠們逼近。

大母暴龍在靠近大鵝龍的地方停下腳步，偵查病弱的對象。這群鴨嘴類恐龍的健康情況都很差，於是母暴龍膽子大起來，打算採取直接攻擊。在牠背後幾公尺處，三頭小暴龍幼雛正藏身灌木當中。母暴龍終於成功的孵出一群子嗣。牠們才幾天大，還具備幼獸特有的斑駁背部和暗淡的黃眼睛。幼雛頭部和四肢的比例比成獸大，而且已經能夠跑得很快了。母親沈穩的逼近獵物，沒有理會小孩。然而，捱餓數個月，已經讓母暴龍付出了代價。由於痛風更加嚴重，那條腿已經腫得更明顯，而且牠看起來瘦骨嶙峋。走得更近以後，牠突然啟步，瘸腿快跑。太遲了，最靠近的那隻大鵝龍看見牠，發出刺耳的警鳴，並轉身逃命。暴龍是從稍微較堅硬的地面過來的，踏進較深的泥漿時，往逃亡的鴨嘴恐龍身上跳去，攔腰一口咬碎骨頭，讓那隻獵物震懾血流。鴨嘴恐龍在泥漿裡打滾，後腿瘋狂的亂踢。追加而上的狠狠兩口，使獵物喪失行動能力，終於死在自己的血泊之中。其餘獸群毫無抵抗；反而，牠們逃之夭夭。一旦確定獵物已經死了，暴龍便把牠拖出泥漿。

不 凡 的 地 獄 溪

「地獄溪岩層系統」是起源於白堊紀末期的沈積床，位於美國的蒙大拿州、懷俄明州，和達科塔州的州界。自從十九世紀末被發現以來，該處被證明是一個豐富的恐龍化石來源，其中包括大量的三角龍遺骸。在1902和1908年之間，古生物學家巴南‧布朗（Barnum Brown）挖掘出了兩隻暴龍，後來展示在卡內基博物館和美國博物館，使他瞬間成名。

然而，近來地獄溪還以另外一個理由證明了它的用處。它是唯一一個跨越所謂的「K－T界線」（K－T Boundary）的恐龍化石床，「K－T界線」，就是界於地球中世代最末端和目前新生代時期起始，兩者之間的這段時間。

在該處有許多地方，化石岩層都超過100公尺厚，而頂上的幾公尺，就是屬於現今的新生代。從界線層取得的樣本，含有銥和受衝撞石英的結晶體，顯

古生物學家從地獄溪岩層中挖出一塊臀骨，證實暴龍是最後一批巨大恐龍之一。這些岩石也包含了消滅這些動物的大滅絕證據。

示這個時期曾經受到隕石撞擊的影響。許多科學家調查接近撞擊時期的恐龍和植物的種類和數目，以了解是否有其他型態的毀滅機制參與作用。不幸的是，地質上的最小識別距離──亦即在岩石中可以辨識的最小時間階段──多達五

十萬年，令人很難確認，是在什麼時候、有哪些特定的物種很興旺，或者有什麼特別的事件發生。

植物標本顯示，當時健康的土地受到了隕石的損害。緊接著隕石衝擊之後，有一個「蕨類繁盛期」，看起來像是蕨類覆蓋了受傷的地球。恐龍遺骸顯示，撞擊之前，牠們的數目並沒有減少，但是種類卻很有限，其中以例如三角龍和愛德蒙頓龍的一、兩種物種最為常見──這可能表示，當時存在著某種嚴重的問題。

界線之上曾經發現恐龍的殘片，但一般相信，這些骨頭是從地底被侵蝕出來以後，重新落在比較現代的土壤裡。除此之外，地獄溪岩層的訊息十分清楚：在界線之前常見的大爬蟲類，到界線之後就完全消失了。

三隻小暴龍衝出了掩護處，跑向母親，一看到獵物，立刻跑過來，開始撕扯牠的腸子。

就在幼雛進食的時候，附近的泥水波動起來。大鵝龍的血流進湖裡，其他饑餓的掠食者也要過來分一杯羹了。幾頭巨大的恐鱷浮出水面，溜上岸。牠們一個一個的逼近，張著大嘴表示挑戰。暴龍幼雛既好奇又害怕，從獵物身邊退開來。母暴龍大吼一聲，頓一下足，那動作倒比較像是在警告自己的小孩，不像是在威脅鱷魚。終究，牠幾乎沒有對鱷魚做出任何反抗。對方數量太多了，牠對付不了，而且有些比較大的成獸，體型幾乎和牠一樣大。母暴龍轉身放棄獵物，幼雛

也頗不情願的隨牠離開。

　　幾天過去，氣溫變得不合常理的涼。夜晚時，巨大的熔岩流在山中不斷累積，把西邊的天空映照得一片熾紅。由於鴨嘴類恐龍的數目銳減，母暴龍很難找到足夠的食物來餵養幼小。最後，牠失去了一隻幼雛。原來在牠睡覺的時候，兩隻比較大的幼雛一起對付第三隻比較弱小的，把那隻弱小的給吃了。隨著食物缺乏，母親的行為也變得愈來愈暴躁。

　　下午時分，母暴龍在溫暖的岩石上安頓下來睡覺。幼雛繼續發出哀號，但仍和母親保持一個謹慎的距離。由於睡得太沈，平常很警覺的掠食者竟沒注意到附近的矮灌木裡來了一隻母甲龍，後面跟著一對小甲龍。雖然小甲龍沒有父母的尖刺和骨棒，卻仍然滿身盔甲。牠們的背部已經覆蓋著骨板和小骨結。這樣的裝備，再加上有母親同行，使牠們成為難以駕馭的獵物。

　　雖然如此，饑餓的小暴龍依然立即把注意力集中在小甲龍身上，並展開笨拙的侵略意圖。在母甲龍採食的時候，小暴龍跑到離獵物不過幾公尺的距離。牠們一點也不曉得甲龍有多麼危險，就這樣準備跳上去了。此時，母甲龍聞到了小暴龍的氣味，開始響亮的驚叫起來。兩隻小甲龍馬上逃向母親，母甲龍也擺起尾巴來威脅。叫聲驚醒了睡眠中的母暴龍，牠顛簸著站起身，距離滿身盔甲的草食恐龍僅僅30公尺。母甲龍看見掠食者，驚慌失措，低下頭俯衝過來。母暴龍跳到一邊逃過了，但是就在失去目標的那一刻，母甲龍隨即一迴轉，搖擺起巨大的尾棒來防禦。

與生俱來的肉食者：小暴龍咬著一塊母親丟下的大鵝龍肝。從碩大的蛋裡孵化出來以後，暴龍幼雛很快就會不學自通的，成為一個可怕的掠食者。

　　幾乎在任何正常的情況下，這隻母暴龍大概都會從這種危險的衝突中抽身，但甲龍的尾棒擊中母暴龍痛風的膝蓋，那一刻，牠的命運便這樣註定了。爆裂的疼痛麻痺了暴龍的一邊身體，在驚聲尖叫和一片混亂中，牠向甲龍的方向癱倒下去。草食的甲龍以為這個動作是攻擊，更加強了防禦手段。牠把掠食者推到地上，並開始用尾棒大力搥打。一槌緊接著一槌，母暴龍逐漸被打得失去了抵抗力。牠的骨頭是為速度和力量而設計的，不是為了用來對抗這種凌虐。牠掙扎了幾秒鐘，但是，接下來的那可怕的一槌，命中頭骨，牠兇狠的紅眼睛逐漸漸失去了知覺。

　　在這場激烈衝突發生的同時，小暴龍一直在嚐試捕殺小甲龍。但是牠們不知道要怎麼對付兩個裝甲盒子，終於還是放棄了攻擊。有幾分鐘的時間，母甲龍仍站在死暴龍身邊，不停的吼叫。然後，牠一定終於明白掠食者已經死了，因為牠轉過身去呼喚牠的小甲龍。小甲龍出現，一家子便離開現場，留下一片陰森的寂靜和血腥的氣味。

　　晨光照耀出癱在熔岩地上的母暴龍，牠的頭浸在一灘血水當中。兩頭幼雛小心翼翼的靠過去。開始時，牠們似乎很畏怯。牠們向母親叫著，但是母親一動也不動。幼雛向來學會要和母親保持距離，因此又撤退開來，但是叫聲卻愈來愈不耐。

　　不久，死亡的氣味和飢餓的感覺產生了可以預料的效果。一隻暴龍幼雛走向前去，喝著那灘血水。另一隻則去拖屍肉。只要沒有其他掠食者來趕牠們，母親將繼續供應牠們食物。

天 降 死 期
地 球 撞 擊 日

就在小暴龍撕扯母親皮肉的同時，一道光出現在南方的地平線上。那光芒迅速而強烈，小暴龍好奇的抬眼張望，斑駁的顏面被新奇的亮光照個正著。牠們眨了眨眼睛，又回頭去吃母親的屍體。牠們不知道，一顆直徑10公里的彗星剛以每秒30公里的速度，撞上往南3000公里處的一個淺海。牠們所看見的遙遠光芒，正代表一個約達一億個百萬噸炸藥威力的爆炸，足以在地殼上炸開一個200公里寬、15公里深的大洞。地球上的生命，從此永遠改變了。

盡 頭 已 近

恐龍是在很短的時間之內全部滅亡，這件事實，幾乎就和恐龍本身一樣的著名。要了解這個事件，我們必須把它放在事發的背景裡來談。絕種是演化不可或缺的一環——所有生物最終都會滅亡，而這並不代表「失敗」。曾經存在世上的有機體，超過百分之九十都已經絕種了；演化是一個極具機動力的過程，物種的汰舊換新是恆常不斷的。

但是滅絕並不是以均衡的速率進行。生命的歷史上，有許多安靜的時期，而其間突然穿插了「大規模」的絕種事件。在過去的五億五千萬年當中，曾經發生五次主要的絕種大災難，每一次都造成了超過百分之五十的物種死亡。

其中最嚴重的一次，是發生在恐龍演化之前的二疊紀末期——那一次消滅了百分之九十五的生命（見頁28）。而最近的一次，則發生在六千五百萬年前，而且是最引人注意的一次，因為恐龍就是在這一次災難中被消滅了。

解釋恐龍滅亡的理論，超過八十種之多。這些解釋包括傳染病、便秘、哺乳類動物吃掉恐龍蛋、種族老化、附近的一顆超級新星爆炸、遭到外星人捕獵等等。但無論是什麼理論，都必須解釋一個非常奇異的滅亡模式。草食和肉食恐龍都受到重創，蜥蜴、鯊魚、有袋類動物，和一大群海洋有機體也是如此。然而，其他的哺乳類動物、鱷魚、烏龜、蛙、蠑螈，和無數其他的海洋有機體，相較之下卻能夠毫無損傷的存活下來。

就如這個亞歷桑納州的大洞所顯示，隕石具有極大的破壞性。在中世代末期，一個直徑至少10公里的物體撞進了墨西哥灣，可能因此才導致恐龍的滅亡。

有幾分鐘的時間，小暴龍繼續不受干擾的進食。光芒減弱了，但是一股黑色的雲柱體在南方的天空逐漸擴大。突然，地面開始震動。小暴龍迅速抬頭，隨即又害怕的蹲下來。地震持續，把牠們搖得失去了平衡。颶風似的震波肆虐「毯子森林」，橫掃過氾濫平原和沼澤。巨大的南洋杉像小枝椏似的被折斷；小暴龍被從母親身邊扯起，捲入飛石、木頭、和植物合成的大漩渦裡。有一瞬間，風減弱了，但是馬上又回來，把大地扯向相反的方向。森林災情慘重，但是最嚴重的還在後頭。隨著龐然的黑色雲柱愈來愈擴大，氣溫也開始往上攀升。炙熱的岩石如

地殼活躍的區域，會把各種氣體瀉入大氣層，在中世代末期，因為印度和亞洲碰撞，引起了大量的火山活動。有些人認為，這就是恐龍絕種的緣由。

目前有關恐龍滅絕分析所面對的一個問題，就是資料都是偏向以美國西部為主。目前最好、最詳細的大規模研究，都是在像地獄溪岩層（見頁277）這種地方完成的，該處在白堊紀時期是一個蒼翠茂盛的海岸平原。這個地區受到的打擊，一定和例如中國內陸沙漠那種地方，有很多的不同，但是比較性的資料並不存在。

研究顯示，在白堊紀末期，至少有三種力量同時在作用，這一定使大多數有機體的生存都遭遇困難。墨西哥灣一個大隕石爆炸形成的大坑，和全世界都有的一層稀有元素銥（iriduim），顯示一顆直徑10公里的隕石或彗星，曾在這個時候撞上地球。這可能造成了嚴重的酸雨和全球性的火災，而且，因為有一層沙石擴散到全球，遮蔽了太陽，所以也產生了一場漫長

的「撞擊性冬天」。而在這個事件前後的數千百年之間，印度擠向亞洲陸塊的運動，也產生了大型、不斷的火山活動。這個活動，即我們今天所知的「德干岩群」（Deccan Traps），衍生了足以覆蓋美國阿拉斯加和德克薩斯兩州的玄武岩，和深達幾乎1公里的熔岩。這可能造成了全球性的降溫，而投射到大氣層的毒素當中，包括了硒（selenium），該毒素對卵中還在發育的胚胎特別有害。最後，就是海平面的大幅降落，和陸地增加了百分之二十五。這是以陸緣海的消失為代價，並可能造成部份動物的數量驟減。

沒有一項單一的滅亡理論，能夠吻合所有的證據，可是由於我們知道，這所有的事件，都是在同時期發生，因此，有可能它們在這場大災難當中都扮演了一個角色。事實上，如果把它們都放在一起，竟然還有生命能夠存活，那才真會令人驚異呢。

雨般擊落地面，火開始在各處的碎石殘木中燃燒起來。氣溫繼續上升，在震波中倖免一死的動物，現在開始被生煎活烤。一個更大的，約達芮氏規模10度的地震，搖撼著山邊地區，而爆炸造成的巨量飛沙走石，更遮蔽了太陽。隨著非自然的黑暗籠罩大地，小小的熔岩像雨一般從天而降，所到之處，無一活命。放眼大地，只要能燃燒的東西，無不起火。

最後，彗星撞擊的噪音傳到淪陷的「毯子森林」，大氣中一聲震耳欲聾的爆裂，彷彿地球本身發出驚叫。但是，已經沒有任何耳朵存活下來聽這聲巨響了。母暴龍的屍體被扭曲、壓陷在兩棵起火的巨大南洋杉之間，牠的頸子往後仰，嘴巴張開。熔岩雨漸漸銷溶牠臉部的肌肉，露出短劍一般的牙齒。牠為了繁殖所做

最後的雄姿：一隻母暴龍站在冒煙的火山之前，彷彿在與眾生合唱黃昏的輓歌。因為受火山活動拋入大氣層中的物質影響，白堊紀晚期的日落，幾乎總是這般艷紅。

的漫長掙扎，到頭來只是一場空。拉羅密迪亞地區的生命已經結束了。

　　彗星爆炸所造成的碎石殘屑，像一面致命的扇子，揮灑過整個中世代的地球，暗示著一個時代的結束。陽光被遮蔽了，這片致命的毯子將世界投入非自然的冬天——動物和植物成億的死亡。最後，天空晴朗了，但是第二場夢魘緊接著降臨，溫室效應的氣體造成大氣過熱。生病的地球要康復，得經過數百萬年的時間，但最終，森林會復原，蕨類也會再度散佈各地。在這個新的綠色世界中，最顯著的缺席者，就是巨大的恐龍。在形形色色的的各種恐龍中，只有鳥類生存下來，做爲這個偉大王朝的敏捷、美麗的見證。

英文索引

中文索引